SVENSK KEMIINDUSTRI

Branschen, företagen, processerna

Lars-Arne Sjöberg

Tidigare utgivna böcker av samma författare:

1. ...och den ljusnande framtid är vår?!? – Vad vet vi och vad tror vi om framtiden.
2. Lever vi av räntan eller tär vi på kapitalet? - Att hushålla med jordens resurser.
3. Vårt dagliga bröd giv oss idag – Kommer maten att räcka till?
4. Fossil energi måste ut – Vad kommer i stället?
5. Nu blir vi digitaliserade – Vi blir 1:or och 0:or.
6. Framtidshopp eller klimatångest? – Himmel eller helvete?
7. Såga, bränna, koka eller...- Skogen en guldgruva!
8. Året är 2050 - Ljuset i tunnel eller...?
9. Dagens och morgondagens kemiteknik
10. Textilier – Idag och i morgon
11. Grön energi – en utopi? - Möjliga och omöjliga lösningar
12. Skogen...med nya ögon
13. Boken om ett universitet
14. Boken om ett svenskt universitet
15. Boken om Karlstads universitet

Bilder inkl. omslag: Fria bilder på nätet

Förlag: BoD · Books on Demand, Östermalmstorg 1,
114 42 Stockholm, bod@bod.se
Tryck: Libri Plureos GmbH, Friedensallee 273,
22763 Hamburg, Tyskland
ISBN: 978-91-8080-883-5
ISBN e-bok: 9789181147117

1. GLOBALA TRENDER

1.1 Klimat och hållbarhet

Den europeiska kemiska industrin står inför stora utmaningar vad gäller att minska sitt beroende av fossila bränslen. En av få positiva nyheter är att Europas första e-metanol-anläggning i Danmark producerar *lågutsläppsbränsle* och material med förnybar energi och CO_2. E-metanol är en förnybar energikälla som skapas genom en elektrokemisk process som kombinerar väte (producerad via elektrolys) och koldioxid som fångats upp från atmosfären eller industriella processer.

Trots fler än 70 procent av världens största kemiföretag, som satt upp klimatneutralitetsmål för 2050, har endast två levererat trovärdiga planer. Stora investeringar i t.ex. grön väte- och elautomation krävs, men utvecklingen är långsam.

1.2 Reglering och miljöhälsa

En intensiv debatt pågår kring PFAS (*evighetskemikalier*). I Storbritannien försöker industrin få undantag från regler som EU vill införa för att begränsa dessa persistent snabba kemikalier.

Samtidigt driver flera amerikanska delstater egna förbud mot vissa PFAS-användningar. Industrin försöker få mildare regler, t.ex. för non-stick-beläggningar, trots hälsorisker av PFAS-exponering.

1.3 Miljösäkerhet och regler

EPA i USA har pausat infasningen av Bidenadministrationens nya skydd mot kemikalierisker i riskhanteringsprogram, vilket påverkar nästan 12 000 anläggningar. Reglerna ska skrivas om enligt ny politik.

Industrin har också ansökt om tvååriga undantag från luftföroreningsregler, vilket kritiserats hårt av miljöorganisationer, som menar att det hotar folkhälsa och samhällssäkerhet.

1.4 President Trumps påverkan på den globala kemiska industrin

Trumps administration har infört kraftfulla tullar. Grundnivå ligger på cirka 10 procent, med ytterligare avgifter upp till 54 procent för importer från Kina, samt betydande procentförändringar för EU, Kanada, Mexiko, Sydkorea och Japan. Detta har lett till stora störningar i globala leveranskedjor och ökat kostnadstryck för importberoende kemikalier som polyeten, polypropen, etylenglykol och metanol. Därtill har kommit en osäkerhet eftersom tullnivåerna ändras då och då.

Kemikalieproducenter uttrycker oro över stigande kostnader och osäkerheter i försörjningskedjan. Samtidigt menar vissa petrokemikalieproducenter att deras produktion är regionalt fokuserad och därmed mindre sårbar för påverkan från USA-tullar.

I ett rättsligt steg har EPA meddelat att man vill skriva om säkerhetsregler från Bidenperioden som kräver riskbedömningar och beredskap vid klimatrisker på kemikalieanläggningar.

1.5 Konsekvenserna av Trumps energipolitik

Trumpadministrationen har återigen dragit tillbaka USA från Parisavtalet. Detta är ett tydligt tecken på att man inte prioriterar internationella klimatmål.

Minskade satsningar på vind och sol

Trump stoppar tillstånd för stora vindprojekt till havs och på federal mark. Exempel är ett 6,2 miljardprojekt utanför Rhode Island avbröts, vilket kostade 1 000 jobb och påverkar energitillförseln för 15 miljoner personer.

Stöd för fossila bränslen och kemisk industri

Trump har främjat en *drill baby drill*-strategi med ökad gas- och oljeproduktion, vilket gynnar kemisk industri genom billigare råvaror på kort sikt.

Budgetförslag innebär omfattande nedskärningar i Green New Dealliknande program, inklusive avskrivning av stödpengar för elbilar, energilagring och andra klimatprojekt.

Kemisk industri och energilagring – effekter och investeringar

Höga handelsavgifter (25 procent och uppåt) har satt press på kemisk industri och försörjningskedjor – högre kostnader, omstrukturering och försämrad konkurrenskraft.

Men president Donald Trump är minst sagt oförutsägbar,

så vad som gäller i morgon kan ingen lärobok gissa.

1.6 Utvecklingen i Sverige

Lignin Industries fick i juni 2025 en investering på 3,9 miljoner euro för att skala upp Renol®, en biobaserad termoplast som ersätter fossilbaserad plast.

Lignin är en biprodukt från skogs- och jordbruksindustrin och finns i alla växter. När lignin blandas med en biobaserad olja bildas ett termoplastiskt granulat, kallat Renol.

Alleima stöttar Preem i övergången till förnybart flygbränsle genom leverans av värmeväxlarrör, vilket minskar utsläppen med 2–3 miljoner ton årligen.

Grönt väte och cirkulära initiativ

Projekt inom klimatsmart processindustri fortsätter via Lindholmen Science Park och *Climate-Leading Process Industry*. Bland annat undersöks produktion av kemikalier från CO_2 och elektrolyser och storskaligt användande av återvunnet material.

Forskningsagenda och omställningsstrategier

IKEM:s reformagenda – framtagen tillsammans med näringslivet för att stärka kemiindustrins konkurrenskraft samtidigt som den blir fossilfri och cirkulär innehåller viktiga delar. Huvudområdena är:

- Innovation – att skapa bättre förutsättningar för nya tekniska lösningar.
- Fossilfri energiförsörjning – säkra tillgången på hållbar energi till industrin.
- Kompetensutveckling – stärka utbildning och

kompetens för framtidens arbetskraft.

EU-projektet IRISS – där svenska aktörer deltar för att påskynda utvecklingen av Safe-and-Sustainable-by-Design-lösningar (SSbD). Det handlar om att utveckla kemikalier, material och processer som redan från början är säkra, hållbara och anpassade till cirkulära flöden.

Sammanfattande blick framåt
Den svenska kemiindustrin står inför en avgörande omställning. Med gemensamma krafter från företag, forskningsaktörer och politik kan industrin bli en global föregångare för en fossilfri och cirkulär ekonomi.

- Fossilfri energi – säker och konkurrenskraftig tillgång till grön el och vätgas är en nyckel för att ställa om processerna.
- Innovation och samarbete – nya material, kemikalier och processer utvecklas i nära samverkan med akademi, företag och EU-projekt som IRISS.
- Kompetens och talang – framtidens arbetskraft behöver spetskunskap inom kemi, teknik och hållbarhet.
- Safe-and-Sustainable-by-Design – nästa generations lösningar utformas från början för att vara både säkra för människor och hållbara för miljön.

Målet är en konkurrenskraftig kemiindustri som levererar lösningar till klimatomställningen, stärker svensk export och bidrar till EU:s gröna omställning.

2. KEMIINDUSTRI I SVERIGE

Kemiindustrin spelar en avgörande roll för Sveriges ekonomi – både direkt och indirekt. Kemiindustrin är inte bara en motor för export och jobb, utan också en möjliggörare för hela Sveriges klimatomställning och långsiktiga konkurrenskraft

Sverige är ett land med en riktigt **mångsidig industri**. Här finns allt från den klassiska processindustrin – som skogsindustrin, kemiindustrin och stålindustrin – till moderna sektorer som elektronik, läkemedel och tillverkning av fordon. Den här blandningen gör Sverige starkt och flexibelt på världsmarknaden.

Faktum är att tillverkningsindustrin står för ungefär en fjärdedel till en tredjedel av Sveriges BNP, alltså värdet av allt som produceras i landet.

En särskilt spännande del av industrin är **kemiindustrin**. Den är inte bara en motor för exporten, utan spelar också en nyckelroll i arbetet med en **mer hållbar framtid**. Här utvecklas och tillverkas allt från kemikalier och plaster till läkemedel, färger och lim – produkter som används i allt från sjukvård och byggande till högteknologisk innovation.

Viktiga segment inom svensk kemiindustri

1. **Bas- och specialkemikalier**
   Tillverkning av råvaror som används i andra industrier, t.ex. plasttillsatser, lösningsmedel och lim.

2. **Petrokemi och plast**
   Produktion av plaster, polymerer och bränslen, med företag som Borealis och Perstorp i framkant.
3. **Läkemedel och bioteknik**
   AstraZeneca och andra aktörer är starkt representerade inom forskning och produktion av läkemedel.
4. **Hållbar kemi och grön omställning**
   Företag utvecklar biobaserade kemikalier och cirkulära lösningar för att minska klimatpåverkan.

Exempel på stora svenska kemiindustrier

- **Perstorp AB**
  Specialkemikalier och hållbara lösningar för plast- och limindustrin.

- **Borealis**
  Tillverkning av polyeten och polypropen.
- **AstraZeneca**
  En av världens ledande läkemedelstillverkare.
- **AkzoNobel Sverige** (numera Nouryon)
  Tillverkning av kemiska produkter för industri och konsumentbruk.
- **BASF Sverige**
  Del av globala BASF, med verksamhet inom specialkemikalier och plasttillsatser.

Maskinindustri samt el- och optikindustrin är andra viktiga sektorer. I den senare ryms exempelvis tillverkning av teleprodukter, kontorsmaskiner, elektronik samt medicinska och optiska instrument. Detta är även en av de sektorer som vuxit mest under de senaste tio åren. Den snabba teknikutvecklingen inom mobiltelefonin är en anledning till detta.

Europa är den näst största kemikalieproducenten i världen, men marknadsandelen har sjunkit från 24,9 procent år 2000 till 14,4 procent 2020. Kina är den allt mer dominerande leverantören av kemikalier[1].

Svensk industriproduktions sammansättning år 2024[2]

Transportmedel	24,2 %
Kemi, olja, läkemedel	22,2 %
Maskinindustrin	16,3 %
Stål, metallframställning, metallvaror	11.6 %
Trävaror, papper, massa	9,9 %
Elektronik, elapparatur och optik	8.8 %
Livsmedel	7,0 %

Nästan allt vi använder i vardagen – från kläder och mobiltelefoner till mediciner och byggmaterial – är på något sätt beroende av kemikalier. Det gör Europas kemiindustri till en nyckelspelare i nästan alla värdekedjor och till en viktig motor för hela kontinentens ekonomi.

Pandemin och den efterföljande ekonomiska krisen har verkligen visat hur strategisk kemiindustrin är. När världen stod still levererade den nödvändiga material till allt från sjukvårdsutrustning och desinfektionsmedel till komponenter för teknik och transport.

Dessutom är omställningen mot en mer hållbar framtid med klimatneutrala och cirkulära lösningar – helt beroende av innovationer inom kemiindustrin. Utan den blir det svårt att utveckla nya, miljövänliga material och tekniker som kan minska vår klimatpåverkan.

2.1 Kemiindustrin

Kemiindustrier brukar man kalla de branscher i industrin, där tillverkningen innebär att man *ändrar själva strukturen hos råvarorna*[3].

Internationell, investeringsvillig och forskningsintensiv är tre omdömen som passar bra in på dagens kemiindustri. De stora investeringar som gjorts börjar nu visa sig som positiva siffror i statistiken.

De flesta produkter som tillverkas inom kemisk industri

används inom andra industribranscher. Förhållandevis få produkter blir direkta konsumentvaror. Därför är kemiindustrin relativt anonym. Men huvuddelen av företagen i Sverige arbetar på en internationell marknad och exporterar mellan 75 och 90 procent av produktionen.

Kemiindustrin är en av Sveriges största exportindustrier
Det mesta av de kemikalier, plaster, läkemedel och bränslen som producerar går på export till andra länder i världen.

Varuexportens sammansättning
Den svenska kemiindustrin har verkat internationellt i mer än hundra år och har utvecklats till en av de största exportindustrierna inom svenskt näringsliv[4].

Exportvärde för varor, miljarder kronor

	1995	2023	Ökning
Skogsvaror	94,0	183,0	95%
Mineralvaror	54,8	214,7	292%
Kemivaror	53,7	307.8	473%
Energivaror	11,6	169,3	1359%
Verkstadsvaror	285,8	913,3	220%
Övriga varor	51,1	279,1	446%

Kemiindustrin i Sverige är också till största delen utlandsägd, vilket ytterligare visar på en internationell dimension.

En stor del av produktionsanläggningarna är belägna i Göteborgs- och Malmöregionerna, i Mälardalen och Sundsvallsregionen.

Några kännetecken på kemiska industrin:

- En industri är den benämning som beskriver framställning av produkter genom att råvaror förädlas.
- Inom industriområdet och den branschen så finns det mer specificerade grenar och typer av industrier, och en av dessa är den kemiska industrin.
- Bedriver tillverkning med hjälp av olika kemiska processer.
- En kemisk industri kan bestå av företag som tillverkar industrikemikalier.
- Centralt för den moderna världsekonomin omvandlar den kemiska industrins olika råvaror, till exempel olja, naturgas, vatten, luft, metaller och mineraler, till mer än 70 000 olika produkter som sedan kan användas inom olika områden[5].

Totalt är omkring 80 procent av den kemiska industrins produktion runt om i världen polymerer och plaster.

Dessa material omvandlas och används av industrin för att tillverka en mängd olika konsumentvaror. men också en mängd olika varor till jordbruk, tillverkning, konstruktion och till tjänstebranscherna. De stora industrikunderna omfattar bland annat gummi- och plastvaror, textilier, kläder, oljeraffinering, massa och papper.

För en kemiingenjör så handlar den kemiska industrin om:

- Användningen av kemiska processer, som till exempel kemiska reaktion och metoder, för att man ska kunna producera ett brett utbud av både fasta, flytande och gasformiga material.

- Dessa produkter används sedan för att tillverka andra produkter och varor, även om en del av de första produkterna går direkt till konsumenterna.
- Några av de produkter som går direkt till konsumenter är lösningsmedel, bekämpningsmedel och tvättmedel.

Bland delbranscher och produktgrupper inom kemisk industri finns

- Oorganiska baskemikalier (se kap.4)
- Petrokemi, inklusive raffinaderier och plastråvaror (se kap.5)

- Special- och finkemikalier (se kap.9)
- Färgindustri
- Läkemedelsindustri (se kap.11)

2.2. Kemiindustrin är energiintensiv

Det finns termodynamiska och ekonomiska begränsningar på möjligheten till energieffektiviseringen i alla processer. Kemiindustrin är och förblir en energiintensiv industri. I vissa processer kan man räkna energin som en råvara. Dock finns det många andra möjligheter och det bedrivs sedan länge ett systematiskt effektiviseringsarbete gällande såväl processer som energi. Ett exempel på effektiviseringsåtgärder är användning av återvunnen energi i processer och ångpannor.

Inom kemiindustriklustret i Stenungsund genomförs ett visionsdrivet arbete för att nå *Hållbar Kemi 2030*, vilket bland annat innebär utfasning av fossila bränslen och ett introducerande av förnybar råvara.

Hållbar Kemi 2030 är en samverkansorganisation mellan kemiföretagen i Stenungsund, som arbetar för att skapa rätt möjligheter och förutsättningar för att kemiindustrin ska kunna ställa om till klimatneutralitet. Och att ställa om är angeläget, kemiindustrin i Stenungsund står för två procent av Sveriges koldioxidutsläpp.

2.3 Den egentliga kemiska industrin.

Till den egentliga *kemiska industrin* räknar man de företag som framställer vissa grundämnen (icke-metaller) och kemiska föreningar. Exempel på sådana grundämnen är syre och klor. Exempel på oorganiska föreningar är svavelsyra och natriumfosfater, som i allmänhet framställs med olika mineraler som råvaror. De organiska föreningarna täcker en mångfald produkter från eten till penicillin. Den del av den kemiindustrin som arbetar med olja och naturgas som råvara kallas *petrokemisk industri.* Till kemisk industri hör vidare tillverkning av gödselmedel och sprängämnen, av plaster och läkemedel. Kemisk industri omfattar också framställning av färg, tvättmedel och lim. Men här är det sista bearbetningsledet i regel inte en kemisk omvandling utan en blandning av olika kemikalier. Man brukar ibland kalla denna gren av den kemiska industrin för *kemiteknisk industri.*

Foto ur broschyren Hållbar Kemi, Stenungsund.

Kemisk industri är en nyckelbransch för bättre miljö. Den kemiska industrin kan lösa miljöproblem - både utsläpp och avfall - inte bara inom den egna industrin, utan också för andra industrier och samhällssektorer. Forskning och teknisk utveckling hos de kemiska industrierna har bl.a. resulterat i nya och effektiva vattenreningskemikalier, katalysatorer för bilavgasrening, absorberande material för rening av luftföroreningar och vatten i stället för lösningsmedelsbaserade system (t.ex. för färg).

2.4 Förädling i flera led

Begreppet *kemiindustrier* innehåller en mycket olikartad samling delbranscher. Ett gemensamt drag kan möjligen särskiljas: Både produkter och processer kräver en grund i form av kemisk kunskap och forskning.

Typiskt för flera av delbranscherna är att de produkter som framställs blir råvaror för andra kemiindustrier eller inom annan industri. Detta gäller särskilt den egentliga kemiska industrin, där förstaledsprodukter från *basindustrin* kan bli råvaror i ett annat led av samma delbransch. Den produkt som tillverkas i detta andra led eller ibland inom ett tredje led kan bli råvara eller insatsvara i *annan kemisk industri* eller inom plastvaruindustrin eller verkstadsindustrin för att nu ta några exempel. Det är alltså skillnad på begreppen *kemiindustri* och *kemisk industri*. Den senare är bara en del av kemiindustrin.

2.5 Karaktäristiska drag för kemisk industri

Kemisk industri kan anses kännetecknas av följande:

- En viss produkt kan framställas ur olika råvaror (Ex: Svavelsyra ur elementärt svavel eller pyrit).
- Flera olika produkter kan framställas ur samma råvaror.
- Biprodukter bildas som regel, ofta i stökiometriska mängder (Ex: Elektrolys av koksalt ger NaOH, Cl_2 och H_2.)
- En viss produkt kan framställas genom olika processer. (Ex: Kloralkali kan framställas med kvicksilver, membran- eller diafragmametoden.)
- Produktionsenheterna är oftast stora med ett kontinuerligt materialflöde som möjliggör en långt driven automation.
- Arbetskraftsbehovet per producerad enhet är lågt men kapitalkostnaden hög.

2.6 Stora anläggningars betydelse

Den kemiska basindustrin framställer relativt billiga halvfabrikat av stor volym. Fabriksenheterna är här mycket stora. Anledningen härtill är att framställningskostnaden per ton är lägre vid en större anläggning än vid en mindre.

Vad menas då med en stor anläggning? Den tunga industrins anläggningar har en kapacitet av ungefär 100 000 till 1 000 000 ton/år. En typisk fabriksstorlek är med andra ord 1 000 ton per dag. Detta motsvarar t.ex. ett godståg med 50 vagnar à 20 ton.

Den kemiska basindustrin tillverkar stora volymer med ett lågt pris per ton. Transportkostnaderna får därför stor betydelse för varans pris vid förbrukningsstället. Transportteknikens utveckling de senaste åren har betytt mycket för möjligheterna att sälja en produkt på längre avstånd från fabrikerna. Dessa har därmed också kunnat byggas större. Produkter tillverkade vid stora, mera lönsamma anläggningar kan i sin tur belastas med kostnader för längre transporter.

Stor betydelse för transporten av kemikalier i lös vikt, eller som man säger i bulk, har utvecklingen av den s.k. containertekniken fått. En container är en stor transportabel behållare av standardiserad storlek. Containers finns för fasta och flytande kemikalier. En container kan transporteras med bil, på tåg och med båt. Den kan också ställas upp hos förbrukaren och tjänstgör då som sin egen terminal.

Av största vikt för den tunga industrin är att man kan tillförsäkra sig säkra råvaruleveranser till fasta avtalade priser. Då förädlingsvärdet, dvs. skillnaden mellan produktens och råvarans pris, är lågt kan fluktuerande råvarupriser lätt leda till en olönsam produktion. Lika viktigt är att kunderna, dvs. förbrukarna av produkten, som vanligen utgör ett halvfabrikat, garanterar att fortfara att vara kunder. I den tunga industrin fordras för lönsamhet långtidskontrakt till avtalade priser. Detta kan lättast ske mellan företag i samma koncern.

Ett exempel på en sådan vertikal integration är Bolidenkoncernen. Vid gruvorna i Lappland och Västerbotten utvinnes koppar, zink och bly tillsammans med mindre kvantiteter silver, guld och arsenik. Som biprodukt vid malmhanteringen får man stora kvantiteter svavelkis, FeS_2. Denna transporteras till Helsingborg där den tjänar som råvara för framställning av svavelsyra vid Kemira Kemis anläggningar.

2.7 Karaktäristik av kemiteknisk verksamhet

Produktionsresultatet i en kemisk processanläggning är beroende av kombinationen av

- *Produktionsfaktorer*
  Energi, råvaror, investerat kapital och arbetskraft.

- *Faktorsubstitution*
  Arbetskraft ersätts av maskiner (kapital) även då en viss råvara ersättes av en annan råvara.

Den kemiska industrin karaktäriseras av att den, i jämförelse med övrig industri, är mycket *kapitalintensiv.* Investeringarna är i huvudsak *irreversibla,* dvs. det investerade kapitalet kan ej frigöras för andra processer. Vissa delar av den kemiska industrin är *forskningsintensiv.* Produktens *förädling* kan ökas genom att låta den bli råvara för en annan process (t.ex. pappersmassa, papper). Produktionsvolymen avtar med ökad *förädlingsgrad* (t.ex. läkemedel).

Utmärkande för den kemiska industrin är särskilt möjligheterna att framställa en produkt via alternativa processer eller/och med andra råvarukombinationer. Processutveckling har hittills styrts helt av processens lönsamhet, dvs. att framställa en produkt som kan säljas med maximal vinst. Försäljningspriset för kemiska produkter har visat en fallande tendens orsakad av minskade kostnader och ökad produktionsvolym.

På grund av kostnadsfaktorn för transporter och att en råvara kan vara utgångspunkt för framställning av flera olika produkter krävs att fabrikerna ligger i närheten av varandra och *kemiska komplex* växer fram. Det bästa exempel på detta är det petrokemiska komplexet i Stenungsund.

Vid konstruktion av kemiska processer måste också hänsyn tas till processrisker i samband med start, drift, stopp och ofrivilliga stopp. I kemiska processer hanteras ofta ämnen som medför risker för människan och den omgivande miljön. En kemisk anläggning optimeras med hänsyn till samtliga produktionsfaktorer. Denna optimering begränsas emellertid av osäkerhet i bedömning av miljöfaktorer och framtiden (produktavsättning, råvarutillgång mm).

För att driva en produktion krävs primärt råvaror och marknader. Sekundärt krävs kreativitet och kapital. De flesta kemiska företag startar produktionen med inköpt baskemikalie eller mellanprodukt. Denna råvarukostnad är mycket hög, 35-40 procent av produktionskostnaden, och är en av de viktigaste produktionsfaktorerna. Endast en liten del av den kemiska industrin täcker hela processen från naturråvara till konsumtionsprodukt.

Trender som påverkar industriföretag

Flera trender påverkar industrins förutsättningar till konkurrenskraft och innebär stora utmaningar för industrin, och därmed för industrins möjligheter till omvandling och förnyelse[6].

- **Lägre tillväxt och lägre produktivitetstillväxt**
  Med tanke på effekterna av covid-19 riskerar lågkonjunkturen slå hårt och snabbt mot små och medelstora företag inom industrin. Digitaliseringen kan vara en möjlighet.
- **Demografins konsekvenser**
  Många sysselsatta inom industrin är äldre, både i produktion och i företagets ledning. Utlandsfödda är en outnyttjad resurs också inom industrin. Könsfördelningen inom industrin är dessutom skev.
- **AI och andra teknologier förändrar spelplanen**
  Utvecklingen går långsamt trots omfattande investeringar och stor potential. Tydligt är att små företag inte förmår att *hänga med* i teknikutvecklingen.
- **Handelskrig och klimatförändringar stor risk**
  Ökade handelshinder och stängda gränser kan drabba svensk industri hårt. Senaste presidentvalet i USA kan påverka exporten med hot om höga importtullar. Svensk industri potential kan bidra med klimatsmarta lösningar.

Råvaruorienterade kemiföretag

Råvaruorienterade kemiföretag behärskar genom kontroll av råvarutillgången hela processkedjan bakåt. Sådana företag är t.ex. Stora (skog) och Boliden (svavelkis).

Integration bakåt innebär att råvaran för produktionen närmar sig naturråvaran. Integration framåt innebär att produkten närmar sig konsumtionsprodukten.

Produktionsorienterade företag

Produktionsorienterade företag är sådana som satsar på produktion av en mellanprodukt. Råvaran behöver ej vara en naturprodukt.

För sådana är viktigast:

- stordrift
- välbelägenhet
- effektiv produktionsorganisation
- skicklig processteknik
- genomtänkt distributionsapparat

Detta kräver:

- kapitaltillgång
- i tiden välplanerade investeringar
- samarbetsavtal

Marknadsorienterade kemiföretag

Marknadsorienterade kemiföretag vill tillfredsställa en viss typ av behov (*konsumtionsvaruindustrin*). Hit kan t.ex. läkemedelsindustri och kemisk teknisk industri räknas.

Systemorienterade företag

Systemorienterade företag producerar flera olika produkter, vilka tillsammans är nödvändiga för att lösa vissa typer av problem (vattenrening eller miljövård).

2.8 Några växtmekanismer för kemisk industri

Allmänt gäller att råvara av hög förädlingsgrad ytterligare kan förädlas medelst en billig process till en viss produkt. Samma produkt kan framställas av en billigare råvara men fordrar i gengäld en dyr process. Detta har sin förklaring i biproduktproblemet och konkurrenssituationen på marknaden. När en lägre förädlad (billigare) råvara användes för att producera en kemisk produkt ökar mängden biprodukter.

Biprodukter medför dåligt råvaruutnyttjande, fördyrande separationsprocesser, avsättningsproblem för biprodukterna och miljöproblem

Samtliga punkter kan dock angripas med processutveckling. Så är fallet exempelvis vid ammoniakframställning. Å andra sidan får man ej bortse från processen som en helhet. Sålunda ökar även för ammoniakprocessen problemen med biprodukter vid övergång från förädlade råvaror (ex. CH_4) till mindre förädlade råvaror (eldningsolja) vid framställning av den erforderliga syntesgasen. I allmänhet gäller att produkter med hög förädlingsgrad (läkemedel) kräver liten marknad och produkter med låg förädlingsgrad (bensin) stor marknad.

2.9 Produktionskostnader

Med hänsyn till den dominerande kostnaden talar man om följande företagstyper:

- råvaruintensiva (t.ex. konstgödselindustri)
- energiintensiva (t.ex. elektrokemisk industri)
- arbetsintensiva (ovanligt inom kemisk industri)
- kapitalintensiva (t.ex. petrokemisk industri)

Löner och kapitalkostnader innefattar även kostnader för produkt och processutveckling, marknadsföring osv. I ett kemiskt företag är de huvudsakliga kostnaderna (kr/enhet) för produktionen.

Kostnadsslag	Ligger normalt inom, %	Medeltal, %
Råvaror	30-90	45
Energi, vatten, katalysatorer, hjälpkemikalier	10-40	15
Löner, underhåll, transporter	5-35	20
Kapitalkostnader (räntor, avskrivningar, försäkringar)	15-30	20

2.10 Anläggningskapacitet som kostnadsfaktor

Kostnaderna i processanläggningar är dels storleksoberoende (instrumentering, löner etc.) och dels storleksberoende (pumpar, rör, reaktor). De senare kostnaderna växer mindre än proportionellt med kapaciteten. Detta medför att den totala kostnaden per producerad enhet avtar med ökad anläggningskapacitet (storlek). Man talar om stordriftsfördelar.

Denna s.k. degression av anläggningskostnader kan iakttagas inom alla grenar av den kemiska industrin. Det föreligger naturligtvis en *fysisk* gräns som hindrar uppförandet av jättefabriker. I sådana fall bygger man flera identiska processenheter parallellt (s.k. linjer). Det har visat sig att en tillräcklig noggrann matematisk tolkning erhålles genom uttrycket

$$I_1/I_2 = (C_1/C_2)^k$$

där I_1 och I_2 är erforderliga investeringar för kapaciteterna C_1 och C_2. Exponenten k kallas degressionsexponent (i viss litteratur degressionskoefficient, amerikansk litt. *size exponent, size factor*). Normala värden för k ligger omkring 0,6 - 0,7. Logaritmeras uttrycket erhåller man

$$\log (I_1/I_2) = k \log (C_1/C_2)$$

Avsättes log (I_1/I_2) mot log (C_1/C_2) erhålles ett linjärt samband där k anges av lutningen. Vanligen är k och investering vid en viss kapacitet känd för de vanligaste processerna och erforderliga investering för kapacitetsökning kan då lätt beräknas.

Kapitalkostnadsdata och degressionsexponenter finns att hämta ur litteraturen.

Exempel på degressionsexponenter för några processer:

Process	k
HD-polyeten (lågtrycks)	0,90
Etenoxid (direktoxidation)	<0,78
Eten (pyrolys av petrokemi)	0,71
Etanol (hydratisering av eten)	0,60
Kloralkali (kvicksilvermetoden)	0,58

2.11 Inverkan av kapacitetsutnyttjande på kostnaderna

En anläggnings kapacitet måste ständigt utnyttjas. Den tillgängliga tiden begränsas av planerade och icke planerade driftstopp. Planerade driftsstopp görs för inspektion, reparation, katalysatorbyte osv. Icke planerade driftstopp kan orsakas av materialfel, åsknedslag, arbetskonflikt, avsättningsproblem m.m. Någon eller några av dessa faktorer orsakar att anläggningen utnyttjas till en viss del av den projekterade kapaciteten. I figuren nedan visas schematiskt hur kapacitetsutnyttjandet inverkar på kostnaderna.

Skillnaden mellan produktionsintäkter och produktionskostnader är bruttovinst. Till vänster om punkten B (break even point) arbetar processen med förlust. Man täcker dock de rörliga och en del av de fasta kostnaderna. Vid punkten S täcks endast de rörliga kostnaderna.

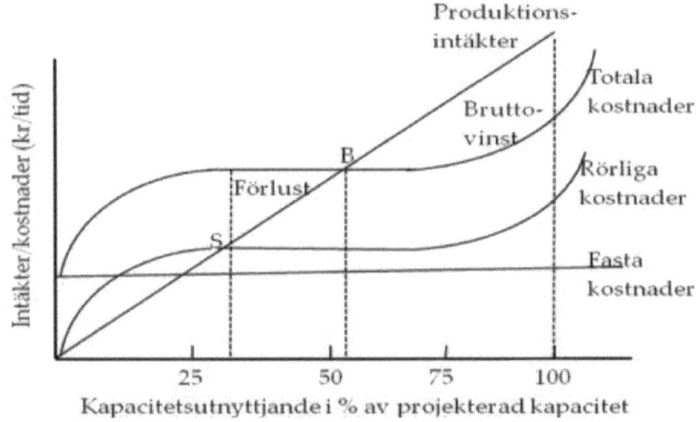

Först till vänster om punkten S (shut down point) blir förlusten lägre för en stillastående anläggning. För petrokemiska processer ligger punkt B vid 75 procent av projekterad kapacitet. Maximal bruttovinst erhålles vid 100-procentigt kapacitetsutnyttjande.

2.12 Kemikalietyper – kulturer

Kemiska produkter kan indelas i första hand efter användningsområden, där sammansättningen eller funktionen spelar avgörande roll. Dessa två grupper kan dessutom indelas i undergrupper beroende på om de tillverkas i li-ten volym till högt pris eller i stor volym till lågt pris.

- ***Baskemikalier (commodities)*** tillverkas i stor volym med lågt pris. Exempel är svavelsyra, aluminiumsulfat, industriella gaser, eten och tallolja.

- ***Andra volymkemikalier (pseudocommodities)*** har också lågt pris och säljs i stor volym. De omfattar t.ex. lim, explosivämnen, fibrer, polymerer, ytaktiva ämnen.

Volym ↑

BASKEMIKALIER	ANDRA VOLYMKEMIKALIER
* Natriumklorid * Svavelsyra * Klor * Stearinsyra * Aluminiumsulfat	* Gödselmedel * LDPE * Explosivämnen * Styrén-butadienlatex
FINKEMIKALIER	**SPECIALKEMIKALIER**
* Citronsyra * Mellanprodukter, läkemedel * Metallsalter * Aspirin	* Oljeutvinningskemikalier * Papperskemikalier *Färgämne Speciallim * * Specialtensider

Specialiseringsgrad →

Indelning av kemikalier efter volym och specialiseringsgrad.

- ***Finkemikalier (fine chemicals)*** tillverkas till högt pris och i små volymer. Deras kemiska sammansättning är avgörande för användningen. Exempel är organiska mellanprodukter, salter av värdefulla metaller, högrena oorganiska kemikalier.

- ***Specialkemikalier (specialty chemicals)*** tillverkas också i liten volym till högt pris. Här är det emellertid funktionen som är betydelsefull i större grad än den kemiska sammansättningen. Exempel är katalysatorer, pigment och papperskemikalier. Gränsen mellan olika kategorier är inte skarp. Därför kan det vara värdefullt att lägga in olika kemikalier som exempel i nedanstående tablå med volym och specialiseringsgrad på axlarna. En annan indelning är att kalla baskemikalier och andra volymkemikalier för ***Handelskemikalier*** och finkemikalier och specialkemikalier för ***Funktionskemikalier.***

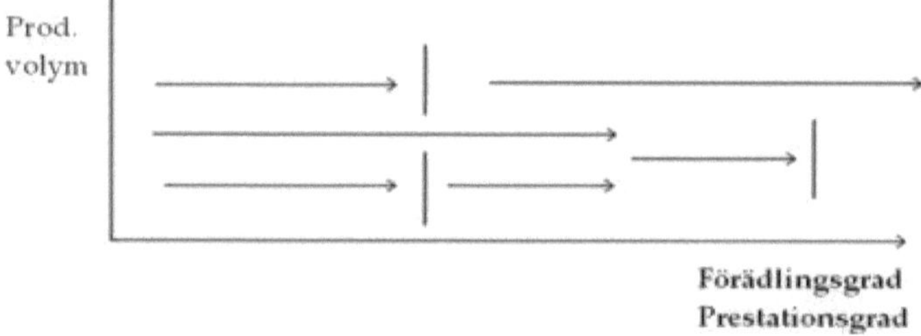

Förädlingsprocessen inom sektorn för handelskemikalier är *konvergent.* Med ett fåtal råvaror och processteg erhålles en marknadsfärdig produkt med en väldefinierad sammansättning. Som råvaror används naturråvaror.

Förädlingsprocessen hos funktionskemikalier är divergent. Man använder ett flertal produkter i sin tillverkning och slutframställningen kan vara en blandningsoperation.

	Handelskemikalier		Funktionskemikalier	
	Baskemikalier	Andra volymkemikalier	Finkemikalier	Specialkemi-Kalier
Produktionsvolym	Hög	Hög	Låg	Låg
Pris	Lågt	Lågt	Högt	Högt
Råvarutillgång	Begränsad	Begränsad	God	God
Produktionsteknik	Automatiserad	Automatiserad	Satsvis	Satsvis
Specifikation	Sammansättning	Prestation	Sammansättning	Satsvis
Slutanvändning	Många	Olika	Få	En till få
Marknader	Koncentrerad	Koncentrerad	Koncentrerad	Diffus
Teknisk service	Låg	Låg till moderat	Låg	Hög

2.13 Kemisk industri – en kunskapsindustri

Kemiföretag är kunskapsföretag i ordets rätta bemärkelse. Ett mått på detta får man när man jämför utbildningen hos de anställda i den kemiska industrin med utbildningsnivån i andra industrier.

Andelen forskarutbildade, dvs med högre akademisk examen, inom kemisk industri utgör 3 procent av samtliga anställda. Genomsnittet för hela tillverkningsindustrin är 0,4 procent.

Andelen med högskoleutbildning (såväl kortare som längre än tre år) i kemisk industri är 29 procent. Genomsnittet för hela industrin är 16 procent.

2.14 Kemisk industri är forskningsintensiv

En stor del av den kemiska industrin är forskningsintensiv. Ingen annan industribransch i Sverige har så många forskare som den kemiska industrin.

Under den senaste tioårsperioden har den kemiska industrin mer än fyrfaldigat sina satsningar på forskning och utveckling (FoU). Denna kraftiga ökning är till stor del en följd av läkemedelsindustrins framgångsrika utveckling. Den kemiska industrin satsar mer än dubbelt så mycket i FoU per anställd som den samlade tillverkningsindustrin. Forskning och utvecklingsverksamhet tar stora resurser i anspråk. Ofta tar det lång tid innan ett forskningsprojekt kan omsättas på marknaden i form av en ny eller förändrad produkt eller process och därmed ge intäkter. Därför krävs det stora företag för att finansiera forskning och utveckling. Detta är en av de viktigaste förklaringarna till varför kemiföretag ofta är mycket stora.

2.15 Den kemiska industrin är internationell

Den kemiska industrin är en internationell industri. Internationaliseringen har dessutom förstärkts under de senaste åren. I Sverige har många av de tidigare svenskägda kemiföretagen köpts upp av internationella företag med utländska ägare. På samma sätt har svenska kemiföretag gjort stora investeringar utomlands.

Utvecklingen har också gått mot en ökad specialisering. Produktionen har koncentrerats till ett mindre antal industrianläggningar för att uppnå stordriftsfördelar. Större produktionsenheter innebär också att forskning och utvecklingsverksamhet kan rationaliseras. Företagen får möjligheter till försäljning på en global marknad. För de stora kemiföretagen räknas ofta hela Västeuropa som en enda marknad.

Osäkerheten om den svenska energipolitiken och höjda energiskatter har medverkat till att energikrävande anläggningar lagts ned i Sverige. Svenska investeringar i ny produktionskapacitet har också i flera fall lagts i utlandet.

2.16 Svensk kemisk industri har expanderat

Den kemiska industrins konkurrensförmåga bestäms i ringa omfattning av råvaror och tillverkningsteknik. De råvaror som används för kemisk tillverkning finns i regel tillgängliga till ungefär samma priser över hela världen. Tillverkningstekniken är i många fall densamma i hela den industrialiserade världen.

Framgången på världsmarknaden för kemiska produkter beror i stället på faktorer som forskning och utveckling av produkter och delprocesser, störningsfri produktion, tillgång till fungerande internationella nätverk, tillgång till välutbildad arbetskraft, energitillgång och pris.

Den kemiska industrin har haft en snabbare tillväxt sedan 1970 än vad den samlade tillverkningsindustrin har haft. Inom den kemiska industrin har framför allt raffinaderierna, plastindustrin och läkemedelsindustrin ökat sin produktion jämfört med andra industrier. En växande exportmarknad är kanske den främsta orsaken till den kemiska industrins expansion sedan 1980-talet. I dag exporteras omkring 50 procent av produktionen. Motsvarande andel var 27 procent år 1980.

3. TEKNISK UTVECKLING GER FÖRBÄTTRAD MILJÖ

Teknikutveckling och bättre miljö hör ihop. Att utveckla, tillverka och sälja energieffektiva och miljöanpassade produkter börjar bli en självklarhet för många företag. Den kemiska industrin har bidragit till denna utveckling genom sin kunskap om möjligheterna med kemikalier och kemiprocesser.

3.1 Zeolit för rening av luft

Framför allt i vissa industrier har det varit svårt att rena luftutsläppen. Vanliga filter räcker ofta inte till och reningen kan bli komplicerad och dyrbar. En ny metod som använder s k zeolit har därför utvecklats. Zeolit är ett mineralbaserat ämne som har en starkt adsorberande förmåga. Denna förmåga gör zeolit användbar även vid stora mängder föroreningar. Zeolit är mycket effektivt och kan avlägsna mellan 95 och 100 procent av luftföroreningarna. När zeoliten adsorberat maximalt med lösningsmedel, hettas den upp så att lösningsmedlen avdunstar och återvinnes, medan zeoliten förblir opåverkad. Zeoliten kan sedan återanvändas.

3.2 Bakterier som miljöförbättrare

Biotekniken ger nya möjligheter att rena luft och mark på ett miljövänligt sätt. Bakterier bryter ned föroreningarna. De har länge använts för rening av avloppsvatten, men inte förrän på senare tid har intresset väckts för deras förmåga att även rena luft och mark. Alternativen är att schakta bort förorenad mark eller att använda konventionella luftfilter. Mikroorganismerna kan bryta ned många naturligt förekommande organiska föreningar till ämnen som koldioxid och vatten. Dessutom kan de lära sig att snabbt bryta ner nya och naturfrämmande föreningar. Idag används biologiska filter för att rena industriluften vid ett antal anläggningar i Sverige. Det biologiska filtret består av ett antal våningar med biologiskt material i vilket bakterierna trivs. Genom dessa bäddar pumpas luften och föroreningarna *äts upp* av bakterierna.

3.3 Kemikalier för vattenrening

Tillgången till rent vatten är en nödvändighet för allt liv på jorden. När vatten används i hushåll och i tillverkning förorenas det. De mängder förorenat vatten som tillförs naturen klarar den inte själv att rena. Reningen måste ofta ske i flera steg innan vattnet kan återanvändas, som exempelvis dricksvatten.

En metod är att använda kemiska fällningsmedel som binder föroreningarna i vattnet. Fällningsmedlen består vanligen av metallerna järn eller aluminium. Den kemiska fällningen är en naturligt förekommande process som utvecklats industriellt. När föroreningarna har fällts ut kan de lätt avskiljas från vattnet.

Den kemiska fällningen ingår i dag normalt som ett av tre steg i vattenreningen. Först kommer den mekaniska reningen, där grövre föremål rensas bort och partiklarna faller till botten. Den biologiska reningen innebär att mikroorganismer bryter ner föroreningarna. Efter hand har de flesta reningsverk byggt till ett tredje steg för kemisk fällning. På vissa håll har fällningen ersatt det biologiska steget och reningsprocessen kortats till två steg. Fällningen ger en högre reningsgrad vad avser fosfor än biologisk rening. Dessutom är investeringskostnaderna och energiåtgången lägre.

3.4 Vattenburna färger och limmer

Vattenburna färger och limmer blir allt vanligare. Tidigare system medförde ofta exponering för starka lösningsmedel med hälsoskadliga egenskaper. Detta problem har eliminerats med de vattenburna systemen. I dessa används i huvudsak vatten och i vissa fall en mindre mängd lösningsmedel. Dessa vattenburna färger utvecklas och nya produkter med ännu mindre hälso- och miljöpåverkan kommer ut på marknaden.

Ett utvecklingsområde är att finna nya alternativa tillsats medel till de vattenburna färgerna och limmerna. Som ett skal runt de små bindemedelspartiklarna sitter stabilisatorer så kallade tensider för att få partiklarna spädbara med vatten. Dessa tensider ersätts nu mot *snällare* och målet är att tillverka tensider som är helt biologiskt nedbrytbara.

3.5 Återvinning genom kyla

Ett problem vid all återvinning är hur olika material och ämnen ska kunna separeras. Processer finns utvecklade för att utnyttja kväve i flytande form. Flytande kväve har en kokpunkt på 196°C. Vid låga temperaturer blir alla material spröda och krymper. Dessa två materialegenskaper kan utnyttjas på flera sätt för att effektivisera industriella processer och för att förbättra miljön. Gamla färgburkar och behållare för lim, kreosot, oljor och fetter kan omhändertas genom att kyla ner de kasserade produkterna med flytande kväve. De sönderdelade burkarna kyls ned tills färgresterna har blivit spröda. Därefter bearbetas de mekaniskt i kvarn och separeras på ett skakbord.

Resultatet blir att färgresterna släpper från plåten, som därefter kan avskiljas med magnet.

3.6 Katalytisk avgasrening

Utsläppen från motorfordon är ett växande problem. Med den moderna trevägskatalysatorn har problemets omfattning begränsats. Utsläppen av kvävoxider, kolväten och kolmonoxid hos bensindrivna fordon har effektivt minskats. Katalysatorn innehåller metaller som katalytiskt, dvs utan att själv förändras, påskyndar kemiska reaktioner som leder till ett minskat utsläpp av de nämnda föroreningarna. Minskningen av utsläppen ligger mellan 60 och 90 procent, jämfört med utsläppen från fordon utan katalysator. Dessutom måste blyfri bensin användas till bilar som är utrustade med katalysator, vilket innebär en ytterligare miljöförbättring.

3.7 Sveriges utsläpp av växthusgaser 2022

För att nå klimatmålen med en total temperaturstegring på 2,0°C fram till 2050 måste Sveriges totala växthusgasutsläpp minska.

Visionen är att nettoutsläppen av växthusgaser ska vara noll. Det övergripande målet är att ökningen av jordens medeltemperatur ska begränsas till två grader och att koncentrationen av växthusgaser i atmosfären stabiliseras vid högst 400 ppm.

Sveriges största koldioxidutsläppare 2024 (tusentals ton)[7]

	Företag	**2023**	**2024**	**Verksamhet**	**Orter**
1	SSAB	4 732	4 309	Ståltillverkning från malm	Luleå och Oxelösund
2	Preem	2 047	1 942	oljeraffinaderi	Lysekil och Göteborg
3	Heidelberg Mtrls, f.d. Cementa	1 661	1 498	cement	Gotland och Skövde
4	Borealis Kracker	569	613	kemi (plast)	Stenungssund
5	St1 Refinery	478	596	oljeraffinaderi	Göteborg
6	Nordkalk m.fl	620	582	Kalkbränning	Kiruna,Malmberget m.fl.
7	LKAB	601	547	Järnmalm	Svappavaara
8	Stockholm Exergi	414	369	El, värme (avfall)	Stockholm
9	Gärstadverket	260	307	El, värme (avfall)	Linköping
10	Renova Sävenäs avfall	212	276	El, värme	Göteborg

Svensk industri släppte ut totalt 15,2 miljoner ton CO_{2ekv} år 2022.

3.8 Fossilfritt Sverige - Färdplaner

Inom ramen för Fossilfritt Sverige har 23 olika branscher tagit fram färdplaner för att visa hur de kan stärka sin konkurrenskraft genom att bli fossilfria eller klimatneutrala[8].

För en kemist är följande Färdplaner aktuella. Branscherna har förbundit sig att vidta följande åtgärder:

- Kemi, plast och läkemedelsindustrin
    - Att öka andelen förnybar och cirkulär råvara
    - Att utöka elektrifieringen av sina processer
    - Att investera i ökad kapacitet för både kemisk och mekanisk återvinning
- Petroleum- och biodrivmedelsbranschen
    - Byta ut fossila drivmedel till förnybara, både genom en ökad iblandning av förnybara drivmedel genom reduktionsplikten och genom att erbjuda höginblandade biodrivmedel och elladdning.
    - Fånga in koldioxid genom CCS, samt använda den infångade koldioxiden i cirkulära processer genom CCU.
    - Forska på alla hållbara lösningar och utveckla framtidens innovativa och hållbara mobilitetslösningar och mötesplatser för samtliga transportslag utifrån marknadens efterfrågan.
- Skogsnäringen
    - Att skapa klimatnytta genom ökade leveranser av biobaserade produkter som kan ersätta fossilbaserade.

    - Kolbindning i produkter och i skogen.
    - Att minska den egna användningen av fossil energi i arbetsmaskiner, transporter och industriprocesser.
- Stålindustrin
    - Övergång till reduktion av malm med vätgas.
    - Användning av biokol för viss reduktion och som legeringsämne.
    - Elektrifiering av ugnar och användning av biobaserad gas eller vätgas som bränsle.

3.9 Minskad klorförbrukning vid pappersmassaframställning

En studie av tillverkningen av blekt kemisk pappersmassa visar en stigande produktionsvolym och en från mitten av 1970-talet minskande klorförbrukning. I början av 1970-talet släpptes i medeltal cirka 8 kg AOX per ton producerad massa ut. År 1995 var utsläppen i medeltal lägre än 0,3 kg per ton. Klorgasen har successivt bytts ut i blekningsprocessen mot klordioxid, syrgas, väteperoxid samt ozonblekning. Förändrade kokningsprocesser genom modifierad eller förlängd kokning har bidragit till att minska behovet av blekningskemikalier. Dessa metoder har även reducerat andra utsläpp.

Skogindustrins miljöarbete drivs vidare och det långsiktiga målet är *slutna* fabriker. En sluten fabrik är en som inte har några miljöskadliga utsläpp. Alla ämnen som tas in i processen återanvänds eller behandlas så att de släpps ut i en form som är helt oskadlig för naturen.

De minskade utsläppen har uppnåtts genom förändringar av produktionsprocessen och genom användning av lågsvavliga bränslen.

Det klimatpolitiska ramverket är den viktigaste klimatreformen i svensk historia. Det ger långsiktiga förutsättningar för näringsliv och samhälle att genomföra den omställning som krävs för att kunna lösa klimatutmaningen. För första gången får Sverige en lag som innebär att varje regering har en skyldighet att föra en klimatpolitik som utgår från de klimatmål som riksdagen har antagit. Varje regering ska också tydligt redovisa hur arbetet med att nå målen fortskrider. För första gången kommer Sverige att ha långsiktiga klimatmål bortom 2020 och ett oberoende klimatpolitiskt råd som granskar klimatpolitiken. Reformen är en central del i arbetet för att Sverige ska leva upp till Parisavtalet[9].

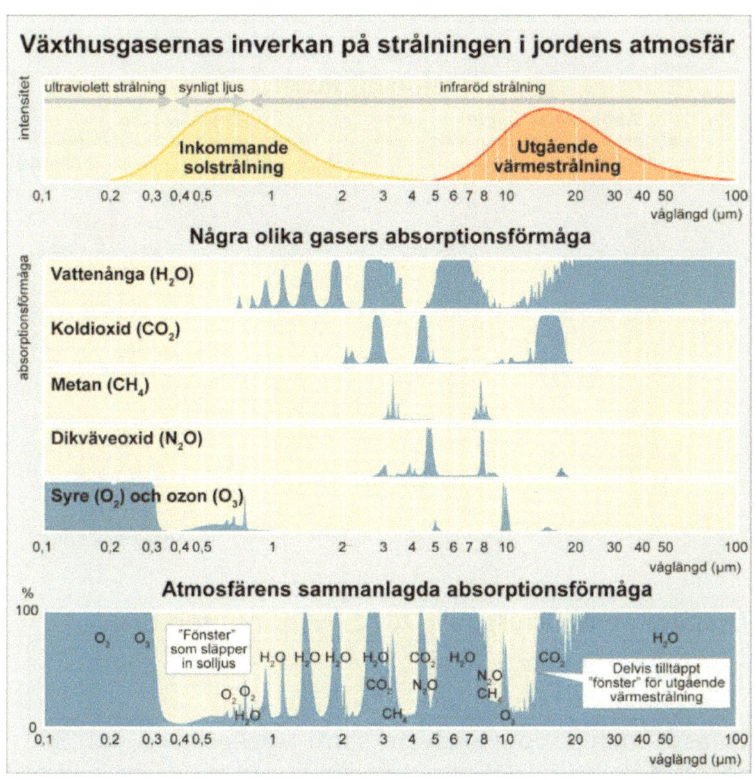

3.10 Kemiindustrins klimatpåverkan

Ungefär en tiondel av människans utsläpp av växthusgaser beräknas komma från tillverkning och användning av kemikalier. Huvuddelen är koldioxid från den ofta energikrävande tillverkningen, men emissioner sker också när fossilbaserade produkter bryts ned i avfallsledet. Dessutom har minst ett åttiotal kemikalier i sig en kraftig klimatpåverkan. Lång livstid i atmosfären gör att sådana ämnen kan ha tusenfalt gånger högre växthuseffekt än koldioxid, räknat per kilo[10].

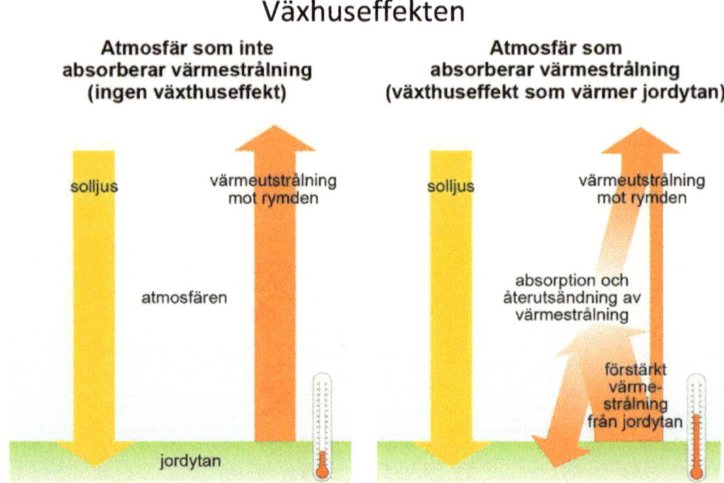

Utsläpp av växthusgaser 2022 (Miljoner ton $CO_{2ekv.}$)[11]

Livsmedelsindustri	0,25
Metallindustri (exkl. järn- och stål)	0,76
Massa- och pappersindustri samt tryckerier	0,80
Övrig (gruvindustri trävaruhandel m.m.)	1,13
Kemiindustri	1,16
Mineralindustri (exkl. metaller)	2,66
Raffinaderier samt distribution av olja och gas	2,73
Järn- och stålindustri	5,72
Totalt	15,21

3.11 Nationella miljöambitioner till 2035

Sveriges långsiktiga klimatmål är att uppnå nettonollutsläpp av växthusgaser senast 2045. Det innebär en minskning på minst 85 procent jämfört med 1990 års nivå

– resterande utsläpp neutraliseras genom tilläggsåtgärder.

För att nå detta fastställde Naturvårdsverket följande stegmål:

2030: Minst **63 procent minskning** av utsläpp
2040: Minst **75 procent minskning**.

Avfallshantering
Andelen kommunalt avfall som återvinns eller återanvänds:

2025: minst 55 procent
2030: minst 60 procent
2035: minst 65 procent

Plaståtgärder
En nationell handlingsplan mot plast inkluderar specifika delmål:

2030: 50 procent minskning av nedskräpning med engångsplast, ingen utomhusnedskräpning med ballonger eller våtservetter, och att plastförpack ningar i genomsnitt ska innehålla minst 30 procent återvunnet material.

Kärnkraft och energisäkerhet
En nyligen antagen lag (maj 2025) finansierar nya kärnkraftsreaktorer, med ambition att hälften av kapaciteten (cirka 2 500 MW) ska vara i drift senast 2035, för att säkra stabil och fossilfri elproduktion.

Läget just nu och utmaningar
Naturvårdsverket och Klimatpolitiska rådet varnar för att

Sverige riskerar att missa sina mål till 2030, 2040 och 2045 om inga ytterligare styrmedel införs. Inför 2024 noterades en 7 procent ökning av växthusgasutsläpp, vilket försvårar möjlighet att nå utsatt nivå till 2030.

Samlad översikt: Miljömålen till 2035

Område	**Mål år 2035**
Utsläppsminskning	Fortsatt minskning mot netto noll 2045
Avfallshantering	Återvinning/återanvändning ≥ 65 procent
Plastnedskräpning	Uppfyllande av 2030-mål
Elproduktion (kärn- pacitet kraft) i drift	Minst 2 500 MW fossilfri ka-

Slutsats

Sveriges miljöambitioner till 2035 är tydligt formulerade genom etappmål inom klimat, avfallshantering och energi. Målen speglar betydande prioriteringar för klimatneutralitet, men den nuvarande politiska kursen och ökade utsläpp signalerar att ytterligare åtgärder kommer att krävas för att hålla tidsplanen. Det är särskilt tydligt vad gäller transporter, avfall och elproduktion.

3.12 PFAS

PFAS är inte ett enda ämne utan omkring 15 000 ämnen med liknande egenskaper. De är syntetiskt framställda och kallas ofta för evighetskemikalier eftersom de aldrig bryts ner i naturen. Idag finns det omkring 15 000 olika PFAS-ämnen på marknaden[12].

PFAS förekommer inte naturligt i miljön utan alla PFAS-ämnen är framställda av människan. Alla PFAS är extremt svårnedbrytbara, i sig själva eller som nedbrytningsprodukter, och stannar därför kvar i miljön[13].

Studier visar att exponering för vissa PFAS-ämnen och kan ha följande effekter på oss människor[14]:

- Sämre vaccinsvar hos barn
- Lägre födelsevikt
- Leverskador
- Förhöjda halter av blodfetter
- Tarmsjukdomar
- Sköldkörtelrubbningar
- Testikelcancer
- Njurcancer
- Försämrad förmåga att få barn
- Polycyctiskt ovariesyndrom (PCOS)

PFAS kan avges till miljön under hela livscykeln, från produktion av ämnena till användning av produkter som innehåller PFAS, samt i avfallsledet. Så länge man tillverkar och använder PFAS så kommer ämnena i någon form att ansamlas i miljön och mängden PFAS i miljön kommer att öka över tid.

Destruktion av PFAS är en stor utmaning på grund av deras extremt stabila kemiska struktur. Dessa ämnen är svåra att bryta ner med traditionella metoder, men det finns några tekniker under utveckling:

1. Termisk destruktion (Högtemperaturförbränning)
2. Plasmaförbränning

3. Elektrokemisk oxidation
4. Fotokemisk och katalytisk nedbrytning
5. Biologisk nedbrytning
6. Superkritisk vattenoxidation

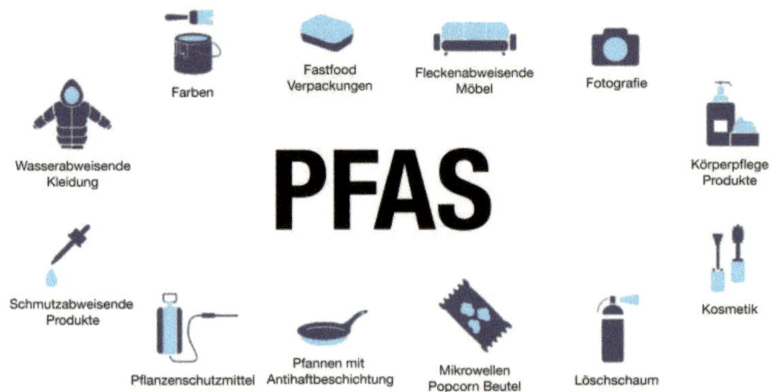

Forskning pågår för att hitta mer effektiva, hållbara och ekonomiskt genomförbara metoder. En kombination av flera tekniker kan bli nödvändig beroende på föroreningsnivåer och typ av PFAS.

Liksom koldioxiden är freoner och andra fluorhaltiga växthusgaser mer eller mindre långlivade i luften. De flesta överlever där åtminstone något hundratal år innan de bryts ned, men för några kan livslängden räknas i tiotusentals år. Metan och lustgas överlever åtskilliga år i atmosfären.

Från Arktis och ner i djuphaven, överallt finns de – plaster och olika kemikalier från industrier och hushåll. Utsläppen av kemiska substanser har nått sin gräns för vad som är hållbart för planeten.

Klimatförändringar i kombination med en ändrad användning av kemikalier påverkar ytterligare ekosystemen. Ekosystemen blir också mindre motståndskraftiga mot kemikalier[15].

Kemikalier spelar samtidigt en viktig roll för att utveckla tekniska lösningar som minskar vår klimatpåverkan. Avancerad energiteknik som solceller, energilagring och effektiva isoleringsmaterial förutsätter kemikalier och material med hög prestanda och speciella funktioner. I många fall bygger energilösningar på användning av kemikalier med toxiska egenskaper, som tungmetaller i lågenergibelysning. De mycket stora omställningar och tekniksprång som behövs på klimatsidan kan därmed leda till ökad spridning av farliga kemikalier, en utveckling som står i konflikt mot en giftfri miljö.

Samtidigt finns potentiella och reella målkonflikter med klimatsatsningar, effekter som kan förvärra kemikalieproblematiken.

Några exempel:

- Mer intensiv odling av jordbruksgrödor för exempelvis biobränsleframställning leder troligtvis till ökad användning av kemiska bekämpningsmedel.
- Biobränslen som etanol innehåller bränsletillsatser, som kan ha toxiska effekter. Ett exempel är MTBE (metyl-*tert*-butyleter) som är svårnedbrytbart och misstänkt cancerframkallande.
- Även andra hälsofarliga ämnen, som formaldehyd,

kan komma att öka i och med övergången till biobränslen. Nettoeffekten är oklar, eftersom även fossila bränslen innehåller dessa eller liknande ämnen.

- Dagens lågenergilampor innehåller kvicksilver vilket kan leda till att människor i högre grad exponeras för den giftiga tungmetallen.
- Sällsynta jordartsmetaller används för att höja energieffektiviteten i bland annat lampor, solceller och batterier. Metallresurserna är begränsade och leder till miljöstörningar vid produktionen. Solcellteknik i synnerhet riskerar att leda till ökande toxiska flöden, bland annat av kadmium.
- Produktionen av kisel, den dominerande materialet för solceller idag, generar farligt avfall vid framställning.
- Nanomaterial är ämnen i ytterst liten storlek som har speciella egenskaper, vilka används alltmer för effektivisering och energialstring. Toxiska effekter av nanoämnen är dåligt kända.
- Återvinning av produkter och material som innehåller giftiga ämnen riskerar sprida dessa ytterligare.

Hur kan samhället styra bort från dessa målkonflikter och samtidigt se till att klimatinvesteringar också gynnar arbetet för en giftfri miljö?

Ambitionen bör vara

- att driva kemikalieutvecklingen mot alltmer klimaeffektiva lösningar, samtidigt som kemiindustrin så långt möjligt ersätter sin egen fossila råvaruanvändning med förnyelsebara material,

- ökar energi- och materialeffektiviteten i processer,
- optimerar användningen av restprodukter.

Kombinerat med detta måste kemikaliesektorn (och även övriga sektorer) fasa ut sin användning av särskilt farliga ämnen, som långlivade och bioackumulerande ämnen, så att de toxiska riskerna mot hälsa och miljö minskar i linje med *Giftfri miljö*.

Tyvärr bryts PFAS inte ner naturligt i miljön, vilket gör dem svåra att *få bort*. Men det finns metoder och strategier på olika nivåer:

1. I dricksvatten

- **Aktivt kol (GAC – granulerat aktivt kol)**
  Binder många PFAS-ämnen, men måste bytas eller regenereras regelbundet.
- **Ionbytarmassor**
  Fungerar för vissa PFAS-föreningar och kan kombineras med aktivt kol.
- **Omvänd osmos (RO)**
  Mycket effektivt för att ta bort PFAS i hushållsfilter.
- **Avancerade tekniker (vid reningsverk)**
  T.ex. högtrycksoxidation, elektrokemiska processer eller nya filtreringsmetoder (under utveckling).

2. I jord och mark

- **Grävning och bortforsling**

Jorden transporteras till specialanläggningar (dyrt, men används ibland).

- **Jordtvätt**
  PFAS separeras från jordpartiklar med vatten eller lösningsmedel.
- **Stabilisering/in situ-metoder**
  Försöker binda PFAS i marken så att det inte sprids till grundvattnet.

3. I produkter och användning

- **Fasning ut**
  Lagstiftning inom EU (och Sverige) är på gång för att begränsa eller förbjuda PFAS i textilier, förpackningar, brandskum m.m.
- **Konsumentval**
  Undvik produkter med vatten- eller smutsavvisande beläggningar som innehåller PFAS (t.ex. vissa impregneringar, stekpannor med teflon, smink).

4. Destruktion

Ny forskning

Tittar på kemisk nedbrytning, t.ex. med UV-ljus, elektrokemi eller speciella katalysatorer – men de är ännu inte redo för storskalig användning.

Effektiva metoder för nedbrytning av PFAS

- **Hydrotermisk behandling**
  Forskare vid UCLA har utvecklat en metod där vanliga reagenser i uppvärmt vatten används för att *halshugga* PFAS-molekyler, vilket bryter ner dem till ofarliga föreningar.

- **Ultraviolett ljus med tillsatser**
  I ett projekt vid Ramboll i Danmark och Nanjing University i Kina kombineras UV-ljus med icke-toxiska tillsatser för att effektivt bryta ner PFAS i vatten.
- **Plasmateknologi**
  Studier har visat att kall atmosfärstryckplasma (NTP APPJ) kan bryta ner PFAS-föreningar genom elektronöverföring och bindningsbrott, vilket gör det till en lovande metod för att hantera PFAS-förorenat vatten.
- **Elektrokemisk oxidation**
  Användning av bor-dopat grafensvamp som anod i elektrokemisk oxidation har visat sig effektivt för att bryta ner PFAS, med hög defluoreringseffektivitet och låg energiförbrukning.
- **Biologisk nedbrytning**
  Forskning undersöker även biologiska metoder som bioremediering, där mikroorganismer eller växter används för att bryta ner PFAS i mark och vatten.
- **RISE och Chromafora** har utvecklat reningstekniken SELPAXT, som tar bort över 99 procent av PFAS från vatten och kan integreras i befintliga anläggningar.
- **Laholms kommun** har inlett ett samarbete med Högskolan i Halmstad för att testa en innovativ metod för att sanera PFAS-förorenad mark.

Det finns flera lovande teknologier för att bryta ner PFAS,

både i laboratoriemiljö och i praktiska tillämpningar. Många av dessa metoder är fortfarande under utveckling eller testning, men de visar på en positiv riktning för att hantera PFAS-föroreningar. Det är dock viktigt att noggrant utvärdera varje metods effektivitet, kostnad och miljöpåverkan innan de implementeras i stor skala.

3.13 Handel med utsläppsrätter

Utsläppshandel är ett ekonomiskt styrmedel för att kunna möta kraven på minskade utsläpp av växthus- gaser som ställts i Kyotoprotokollet, med minsta möjliga negativa påverkan på ekonomisk utveckling och sysselsättning[16].

Detta kallas handel med utsläppsrätter. Företag kan handla av varandra, via börser, banker eller via särskilda mäklare. I praktiken blir alltså köpare av rätter straffade för sina utsläpp, medan säljarna blir belönade för att de minskat sina utsläpp.

4 ENERGIN SOM EN RÅVARA

4.1 Energi en viktig råvara

Frågor om energi är viktiga för många av kemiföretagen, t.ex. för företag som tillverkar aluminium, cement, eten, ferrolegeringar, gas, kalciumkarbid, koppar, natriumklorat, PVC och socker.

Den svenska ekonomin bygger hög grad på förädling av råvaror i avancerade och energiintensiva processer. Ofta är el på samma sätt som skogen eller malmen en råvara i processen. Lika lite som det går att byta ut järnmalm mot något annat går det att byta ut elen i dessa processer. Därför är det viktigt att elförsörjningen både är stabil och internationellt konkurrenskraftig. Utan dessa förutsättningar riskeras tusentals arbetstillfällen och stora exportinkomster för svensk del. Erfarenhetsutbyte mellan energiintensiva företag har genom decennierna medverkat till en minskad energiförbrukning per producerad enhet, även om nya produktkrav ibland har inneburit en ökad energiåtgång.

Total energitillförsel per energivara, TWh[17]

	1970	1980	1990	2000	2010	2020	2023	Andel 2023
Biobränslen	43,0	48,0	61,3	83,6	127,1	140,7	149,6	29,5%
Kol och koks	18,0	19,0	31,6	24,2	23,8	17,6	15,6	3,1%
Råolja och petroleumprodukter	336,1	275,0	167,6	168,0	156,4	104,0	104,3	20,6%
Natur- och stadsgas			6,7	8,1	17,2	11,0	9,7	1,9%
Övriga bränslen			5,5	7,3	11,7	13,3	12,1	2,4%
Kärnbränsle		76,0	202,4	168,3	166,4	138,1	135,6	26,8%
Primär värme		1,0	7,1	7,5	5,4	4,7	5,2	1,0%
Vattenkraft	41,0	59,0	72,5	78,6	67,2	72,3	66,1	13,0%
Vindkraft				0,5	3,5	27,5	34,1	6,7%
Solkraft						0,8	3,1	0,6%
Import – export	4,0	1,0	-1,8	4,7	2,1	-25,0	-28,5	-5,6%
Totalt	442,1	479,0	552,8	550,8	580,9	505,1	507,0	100,0%

För de mest elintensiva företagen innebär en höjning av elpriset med 1 öre/kWh en ökad kostnad per anställd och år med mer än 40 000 kr. Neddragning av elproduktion, till exempel stängning av kärnkraftsreaktorer i Sverige, leder till att andra energislag måste användas. Detta leder även till ökade koldioxidutsläpp, t ex från kolkraft i Danmark. I Sverige har marginalerna för att klara en effekttopp en kall vinterdag minskat kraftigt. Långsiktigt är det därför avgörande för tilltron till elmarknaden, att effektproblematiken kan lösas marknadsmässigt.

4.2 Branschens energianvändning

Svensk basindustri är till stora delar energiintensiv vilket har sin grund i de historiskt viktiga produktionsfaktorerna, skog, malm och vattenkraft. Den under samma tid kraftigt ökade produktionen har matchats av långtgående insatser för effektivisering av energianvändningen[18,19].

Energianvändning inom delsektorer av industrin (2023)[20]

Massa- och pappersindustrin	70,7 TWh
Stål- och metallverk	21,6 TWh
Kemisk industrin	9,4 TWh
Verkstadsindustrin	5,2 TWh
Gruvor	6,7 TWh
Livsmedelsindustrin	4,2 TWh
Trävaruindustrin	6,5 TWh
Jord och sten	4,6 TWh
Småindustrin och övriga branscher	7,2 TWh
	136,1 TWh

4.3 Olika energibärare - Fossila

Kol och koks

- Stenkol, brunkol
- Koks

Eldningsoljor

- Dieselbränsle och tunn eldningsolja
- Tjock eldningsolja
- Bensin

Fossila gaser

- Gasol
- Naturgas
- Stadsgas

Ovanstående energikällor är fossila måste bort och ersättas med förnyelsebara energikällor.

4.4 Olika energibärare - Förnyelsebara

I gruppen biobränslen återfinns de förnyelsebara bränslena som används inom industrin.

- **Obearbetade trädbränslen**
  Flis, bark, spån och liknande brukar också benämnas obearbetade trädbränslen.
- **Bearbetade trädbränslen**
  Briketter, pellets, träpulver och liknande kan hänföras till gruppen bearbetade trädbränslen.
- **Övriga biobränslen**
  Övriga biobränslen är en samlingsgrupp som innehåller bland annat tallolja, avlutar och sextio procent av sopor.

4.5 Framtidens energi

Vattenkraften kommer producera ungefär lika mycket som i dag, medan vindkraften och solkraften kommer öka kraftigt. Vattenkraften är i princip färdigutbyggd och eventuellt kan viss effektivisering ske.

Globalt består dagens energisystem till största delen av fossila energislag, trots att den förnybara energin byggs ut snabbt.

Några få procent av Saharaöknens yta skulle teoretiskt räcka för att, med solinstrålningen som källa, producera lika mycket energi som vi människor använder totalt på jordklotet[21].

Sveriges samlade elbehov förväntas bli mellan 264 och 349 TWh år 2050. Exakt hur stort behovet är okänt. Enligt en scenarioanalys från Energimyndigheten är det främst stora satsningar inom industrin som är den bidragande orsaken till det ökade behovet, vilket är en följd av att nya processer genomförs i industrin[22].

Med ambitionen att minska användningen av fossila ämnen vill man använda vätgas som reduktionsmedel. Primärt så är det i stål- och järnindustrin som de stora förändringarna förväntas att ske. De fossila bränslena som i dagsläget används skall bytas mot vätgas eller biobränslen. Vätgas som produceras genom elektrolys förväntas vara den starkaste bidragande faktorn för den ökade elanvändningen.

Fusionskraft

En del tror att fusionskraft kan bli en lönsam energikälla i framtiden. Fusion är energikällan som får solen att lysa.

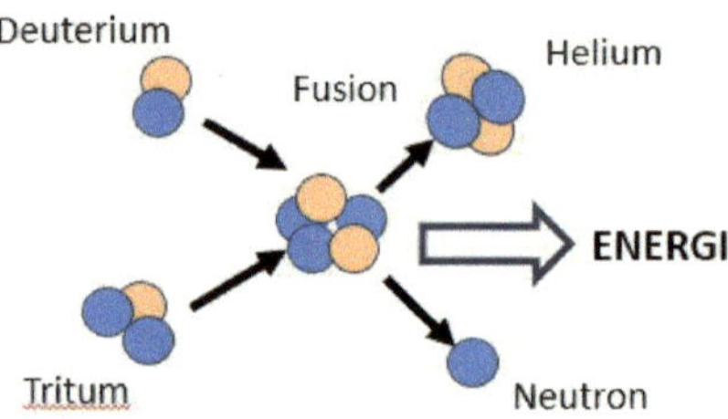

Fusion är ett slags kärnkraft som bygger på en kärnreaktion, men här utvinns energi genom att två lätta atomkärnor slås samman i hög hastighet[23].

Fördelen med fusionskraft som energikälla är att den kan ge oss nästan obegränsade mängder energi under en lång tid framöver. Den medför inte heller samma risker som dagens kärnkraft, som bygger på fision, alltså att energi utvinns genom att atomkärnor delas. Större delen av den frigjorda energin utgörs av kinetisk energi hos den neutron som frigörs.

Det stora problemet med fusion är att det krävs väldigt höga temperaturer för att få processen att fungera - ungefär hundra miljoner grader – vilket kräver stora mängder energi in i processen och ställer stora krav på materialen. Än så länge har forskarna inte lyckats bygga en fusionsreaktor som ger mer energi än den behöver. Frågan är om tekniken kommer att bli tillräckligt billig i framtiden?

Om Sverige ska klara klimatomställningen måste produktionen av el utökas kraftigt till 2050 enligt många bedömare[24].

Framtiden?

- I framtiden kommer **vindkraften** behöva fortsätta att byggas ut. I dagsläget produceras cirka 20 procent av elen med vindkraft.
- **Vattenkraften** har en stabil produktion. En fördel är att det går att lagra energi i dammar.
- **Kärnkraften** är en kontinuerlig baskraft, cirka 30 procent av elen produceras via kärnkraft idag. Den är helt fossilfri men det bildas avfall som måste hanteras i många år, och ett haveri kan få stora konsekvenser. Det finns ny teknik som skulle kunna bidra till att utöka kärnkraftens produktion i framtiden, till exempel så kallade SMR.
- Små modulära reaktorer är **småskaliga kärnkraftsreaktorer**. En SMR producerar högst 300 MW medagen en konventionell reaktor i Sverige producerar mellan 1000 och 1500 MW. Till skillnad från konventionell kärnkraft byggs SMR i fabriker – i moduler - och inte vid installationsplatsen[25].
- Möjligheterna till **lagring**, till exempel i form av vätgas, och flexibel användning borde kunna förbättras i framtiden.
- **Solkraft** kan bidra men inte ensamt utökas tillräck-

ligt för att täcka behoven. Idag utgör solkraften en mycket lite andel av den totala elproduktionen.

Utmaningarna

Först några av de stora utmaningarna:

- **Ökat elbehov**
  Elektrifiering av industri, transporter och uppvärmning gör att elbehovet kan komma att öka markant.
- **Variation i produktion**
  Förnybar energi som vind och sol är väderberoende. Det skapar variationer och behov av reglerkraft eller lagring.
- **Nätkapacitet och överföring**
  Elnätet måste klara att överföra mycket mer el, ibland från glesbygd till tätorter, och klara toppbelastningar. Kretsar och regioner kan bli flaskhalsar.
- **Säkerhet och robusthet**
  Systemet måste stå emot kriser — både klimatrelaterade (torka, låg produktion i vattenkraft) och tekniska eller geopolitiska störningar.

Möjliga lösningar / åtgärder

För att möta dessa utmaningar kan regeringen vidta en kombination av följande åtgärder

- **Utbyggnad av förnybar energi**
  - Vindkraft (både på land och till havs) för att snabbt öka mängden fossilfri el.
  - Solenergi – större andel solceller, både industriellt och via hushåll samt offentliga byggnader.

- Biogas och andra former av bioenergi där det är klimatmässigt och ekonomiskt rimligt.

- **Ny eller utökad kärnkraft**
  - Stöd för uppförande av ny kärnkraft (eller reno-vering/utbyte av befintlig), samt forskning och innovation kring kärnkraft.
  - Små modulära reaktorer (SMR) kan vara en väg att få elproduktion med lägre investeringsrisk och snabbare byggtid.
- **Energieffektivisering och efterfrågeflexibilitet**
  - Minska energiförluster, effektivare apparater, byggnader med bättre isolering, smartare uppvärmningssystem etc.
  - Flexibla förbrukningsmodeller — att vissa industrier eller konsumenter kan skjuta på elförbrukning till tider med överkapacitet eller när elpriset är lägre, t.ex. via *demand response*.
- **Lagring & reglerkraft**
  - Batterier, pumpkraft, eventuellt vätgaslagring eller andra energibärare som kan användas när produktionen är låg.
  - Utnyttja vattenkraftens reglering och magasinkapacitet mer effektivt — i de perioder när vatten finns tillgängligt. Här kan miljölagar och tillståndsregler behöva ses över.
- **Nätförstärkning och smart elnät**
  - Uppgradera elnätet för bättre överföring och minska flaskhalsar, både nationellt och lokalt.

- Digitalisering och intelligenta nät — bättre mätning, styrning och prognoser, vilket kan minska behovet av stora reservsystem.

- **Reglering, styrmedel och planering**
  - Tydliga mål och långsiktiga strategier för fossilfri energi och elproduktion. Exempelvis mål för vätgasproduktion, elektrobränslen etc.
  - Effektiva tillståndsprocesser så att vindparker, solparker etc. kan byggas utan onödiga förseningar.
  - Ekonomiska incitament: subventioner där det behövs, skattelättnader, prissignaler som speglar miljökostnader etc.

Vad gör Sverige just nu

Några saker som Sverige regeringen redan implementerat eller utvärderar:

- Regeringen har målet att Sverige ska bli världens första fossilfria industrialiserade välfärdsnation.
- Stöd till ny kärnkraft vid Ringhals, med statligt stöd för investeringarna.
- Satsningar på forskning och innovation inom energiområdet (inklusive kring kärnkraft, vätgas och batterier).
- Åtgärder för att stärka fjärr- och kraftvärme samt tydliggöra vattenkraftens roll i det robusta energisystemet.
- Förbättrade villkor för vindkraftsutbyggnad, inklusive incitament till kommuner och för-

ändrade skattesatser.

4.6 Vätgas som energilager

Vätgas kan vara ett energilager, vilket kan vara viktigt när såväl sol- som vindkraft varierar över tid. Idag kan vi framställa klimatneutral vätgas, vilken kan förbrännas och användas utan koldioxidutsläpp. Med överskottsenergi kan man lagra vätgas och använda den vid behov. Vätgasen kan omvandlas tillbaka till el genom bränsleceller och stabilisera kraftnätet[26].

Vätgas kan fungera som energilager:

- Användas till elproduktion som spetslast och reglerkraft
- Möjliggöra flexibilitet i industriprocesser
- Användas som drivmedel som vätgas eller processad till e-metanol

Att producera vätgas för att lagra och sedan använda densamma för att producera el kräver relativt mycket energi. Verkningsgraden på i bästa fall omkring 40–45 procent. Detta är lågt jämfört med verkningsgraden vid användning av andra typer av energilager[27].

5 OORGANISKA BASKEMIKALIER

Svensk basindustri är avgörande för Sveriges ekonomi. Skogen, kemin, gruvorna och stålet är moderna och konkurrenskraftiga industrisektorer i internationell toppklass. I anslutning till att basindustrin utvecklas skapas också nya idéer och ny teknologi i snabb takt i andra delar av näringslivet[28].

Basindustrin står för en stor del av sysselsättningen i Sverige, ca 400 000 svenskar är direkt eller indirekt beroende av basindustrin. Runt fabrikerna finns nätverk av mindre företag för transporter, varor och servicetjänster vilket har stor betydelse för den lokala och regionala tillväxten. Möjligheten att kunna sälja sina varor till konkurrenskraftiga priser på världsmarknaden är nödvändig för svensk basindustri.

En av de viktigaste förutsättningarna för basindustrin är en säker tillgång till el till konkurrenskraftiga priser. Varje år använder de svenska basindustrierna nästan 40 TWh elkraft, en fjärdedel av Sveriges totala elanvändning. Elkostnaderna är en stor kostnadspost och kan motsvara upp till 40 procent av förädlingsvärdet. För de elintensiva företagen kan elkostnaden ligga i nivå med lönekostnaden.

Industrin är inte bara viktig för svenska exportintäkter, FoU och för de tusentals tjänsteföretag med industrin som främsta kund, utan är även en överlevnadsfråga för stora delar av landet. Behovet av en stark industriell bas för sysselsättning och tillväxt, särskilt utanför storstadsregionerna, är stort.

SKGS är ett samarbete mellan berörda branschföreningar. För att bemöta kritiken mot basindustrin har man tillsammans utarbetat en beskrivning *Sju myter om svensk basindustri*[29] med en redovisning av de viktigaste framgångsfaktorerna för basindustrins överlevnad. Dessa måste betraktas som en partsinlaga, men är samtidigt en beskrivning av branschens viktigaste frågor.

Industrin har inte tappat i betydelse. Industri och industrinära tjänster står idag för drygt 27 procent av BNP, vilket är något mer än motsvarande siffra år 1970. Industrin har i en internationell jämförelse en närmast unikt stark ställning i Sveriges ekonomi. Den står för en majoritet av vår export och ger upphov till företagsamhet och innovationer i tjänsteföretag som växer upp kring.

Basindustrin är en ledande exportbransch och står för 28 procent av svensk export och hela 51 procent av nettoexporten. Efterfrågan på basindustrins produkter ökar på världsmarknaden.

Basindustrin är tekniskt avancerad. Sveriges traditionellt starka ställning inom forskning och utveckling vilar på investeringar i den energiintensiva basindustrin och industri som har kopplingar till basindustrin. Forskning visar att ny teknologi utgår och utvecklas ifrån de etablerade industribranschernas behov.

Den svenska basindustrin konkurrerar främst med länder som Finland, Kanada, Australien, Kina och USA. I jämförelse med dessa ligger svenska elpriser relativt högt. Handeln med utsläppsrätter riskerar dessutom att ytterligare missgynna svensk industri i förhållande till de utomeuropeiska konkurrentländerna.

Jämför man Sverige med länder med liknande geografiskt läge och hög andel energiintensiv industri har Sverige inte på något sätt en särskilt hög elkonsumtion. Finland, Norge, Kanada och Island har alla högre elkonsumtion per capita än Sverige.

Runtom i världen, till exempel i Finland, byggs och planeras utbyggnad av kärnkraften. Alternativet till kärnkraft är ett ökat beroende av mindre miljövänlig energi som kol och olja. Detta skulle gå stick i stäv med energipolitikens miljömål.

Svensk industri är världsledande inom energieffektivisering. Men inget tyder på att denna effektivisering möjliggör en *minskad* elanvändning. Effektiviseringen har skett tack vare övergång till el. Det finns också ett starkt samband mellan ökad elanvändning och ekonomisk tillväxt[30].

Baskemikalier är industriellt framställda kemiska ämnen som tillverkas i stor volym till lågt pris. Världsproduktionen rör sig ofta om hundratusentals till miljontals ton per år för respektive baskemikalie. Bland baskemikalierna finns såväl oorganiska som organiska ämnen, och oftast rör det sig om ämnen som har en mycket bred användning som råvaror inom många olika områden.

Oorganiska baskemikalier

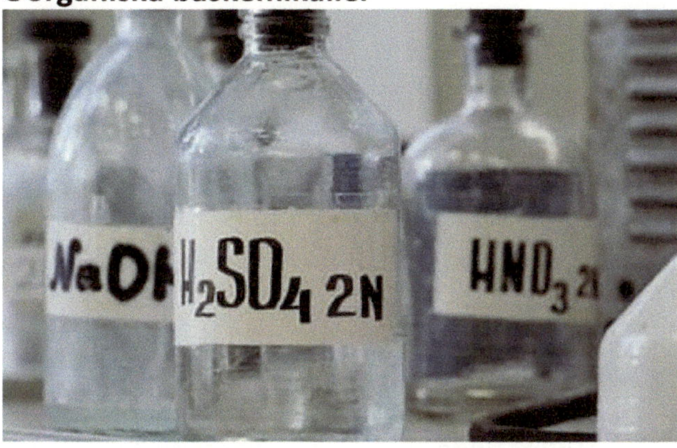

Exempel på oorganiska baskemikalier

- Svavelsyra
- Salpetersyra
- Saltsyra
- Ammoniak
- Natriumhydroxid
- Natriumkarbonat (soda)
- Klorgas
- Väteperoxid

5.1 Kväveindustrin

Kvävets viktigaste föreningar är[31]:

- **Ammoniak (NH_3)**
  En färglös, giftig och illaluktande gas med kokpunkt −33 °C, som används i kemiindustrin för

bland annat framställning av gödselmedel och sprängämnen. Vidare används ammoniak som kylmedium i större kylanläggningar. I vattenlösning är den en svag bas.

- **Ammoniumsalter**
  Ammoniak bildar tillsammans med syror ammoniumsalter, vilka då innehåller den positiva jonen NH_4^+, vilken kemiskt påminner om en alkalimetalljon. Ett exempel är ammoniumnitraten NH_4NO_3, vilket används som gödselmedel.

- **Salpetersyra (HNO_3)**
  En färglös vätska som stelnar vid −42 °C och kokar vid 84 °C. Det är en stark syra som vid reaktion med metaller bildar nitrater innehållande den negativa jonen NO_3^-. Salpetersyra används som råvara för tillverkning av gödsel och sprängämnen.

- **Aminosyrorna**
  Utgör de viktigaste byggstenarna för livet. De har aminogrupp NH_2 kopplad till kolvätekedjor. Kväve är således av yttersta vikt för den organiska kemin.

- **Vätecyanid (HCN)**
  En mycket giftig gas eller vätska. Den används som råvara för tillverkning av plaster och pigment.

Olika metoder för fixering av luftens kväve har i hög grad intresserat människorna, bl.a. för att med hjälp av detta kväve kunna öka avkastningen på jordbruket. Problemet har varit svårt att lösa beroende på att elementärt kväve har mycket liten reaktionsbenägenhet. Det reagerar endast med ett fåtal andra ämnen och då oftast vid höga temperaturer.

Jordbruket använder stora mängder gödsel som innehåller kväve och fosfor. Kväve kan läcka ut från åkrarna till angränsande vattendrag, sjöar och kustområden. Detta beror bland annat på vilken gröda som odlas, jordart, nederbörd, bevattning och skörd[32].

Ammoniak (NH_3) är en färglös, frätande gas med en mycket karaktäristisk lukt. Gasen löser sig lätt i vatten och bildar då delvis ammoniumhydroxid (NH_4OH). Den kondenserade gasen benämns vattenfri ammoniak. Det finns många processer för kvävefixering och många användningsområden för kvävebaserade produkter. Kvävet kommer från luften men beroende på vilken vätekälla man har så tillförs kvävet antingen direkt ur luft där syret förbränts eller som rent kväve från destillerad luft.

Företagen

Yara International är en norsk industrikoncern med verksamhet med inriktning på jordbrukskemikalier och gödselmedel.

I Sverige har Yara en fabrik i Köping för produktion av salpetersyra och olika nitratprodukter.

Produktion och produkter

- **Kväve**

  Kväve används på grund av sin reaktionströghet som skyddsgas vid metallurgiska processer, och i vissa glödlampor, ofta blandat med argon. Flytande kväve som har en temperatur på cirka -196 °C används när man behöver kylas snabbt och hållas mycket kallt, bland annat för att frysa mat så att inte iskristaller bildas som kan förstöra matens celler samt inom kryologi för att frysa levande organismer.

  Flytande kväve används som kylmedel, bland annat för att kyla anordningar som i sin tur kyls med flytande helium för att kyla supraledande magneter till nmr-spektroskopi och MRI.

  Flytande kväve används också för att kapa metaller, om metallen fryses med flytande kväve kan det räcka med en liten stöt för att metallen ska knäckas.[33]

- **Ammoniak**

  Ammoniak bildas genom jämvikten

  $3\ H_2 + N_2 <-> 2\ NH_3$ + värme

Detta är en trög reaktion som måste hjälpas med högt tryck, hög temperatur och katalysator. Trots detta reagerar endast en fjärdedel av närvarande väte och kväve till ammoniak.

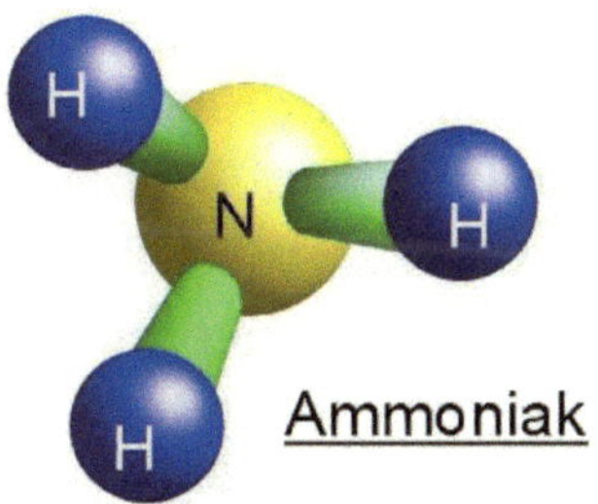

En vanlig ammoniakfabrik producerar 1 000 ton per dygn. Detta kräver stora kompressorer, dyrbara katalysatorer och mängder av värmeväxlare. All utrustning måste dessutom tåla höga tryck. Allt detta innebär att kapitalkostnaderna för en fabrik är mycket höga.

Ammoniak är till stor del bunden energi och ekonomin i en ammoniakfabrik är helt styrd av energipriset samt energihushållningen i processen.

Ammoniak används som rengöringsmedel, till exempel fönsterputs, hårfärg, ugnsrengöring och rengöring av guld samt vid tillverkningen av handelsgödsel, salpetersyra och plaster. Ammoni-ak återfinns även i olika läkemedel, till exempel cocillana.

I Sverige finns ingen ammoniaktillverkning utan allt importeras.

- **Salpetersyra**

  Medan världshandeln med ammoniak ökar mer och mer, så är handeln med salpetersyra i stort sett obefintlig. Det beror på att salpetersyra är en i förhållande till sitt värde och sitt kväveinnehåll tung produkt, som dåligt tål att bära transportkostnader. Medan ammoniak innehåller 82 procent kväve, har salpetersyra endast 13 procent.

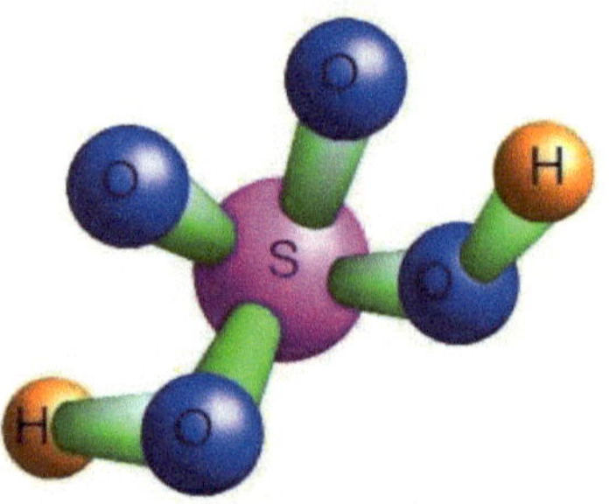

Yara är världsledande på marknaden för ammoniak, på vilken tillverkningen av salpetersyra är baserad. Salpetersyra (HNO_3) produceras genom att ammoniak oxideras på platinaväv. Då produceras kvävegaser som NO_2 (kvävedioxid), som sedan absorberas i vatten. På det här sättet produceras svag salpetersyra (WNA). Salpetersyra är en klar, gulaktig vätska med en relativt kraftig odör.

Köping ligger intill Mälaren, som har anslutning till Östersjön. Då de flesta råvaror och produkter transporteras med fartyg, är det viktigt att ha tillgång till en naturlig djuphamn. Ett bra vägnät är också av avgörande betydelse för en effektiv logistik.

Salpetersyra för gödseländamål tillverkas alltså så nära förbrukningsstället som möjligt. De små kvantiteter som är föremål för handel används som kemikaliesyra, t.ex. för betning av rostfritt stål och för rengöring i mejerier.

Största användningen av salpetersyra är för tillverkning av ammoniumnitrat som i sin tur används som gödselmedel och sprängämne. Norska företaget Yara tillverkar tekniskt ammoniumnitrat som används till civila sprängmedel vid sin fabrik i Köping.

Även vid övrig sprängämnestillverkning används salpetersyra för nitrering. Genom tillförsel av nitrogrupper tillhandahålls mycket syre som kan orsaka explosion, det vill säga oxidera andra atomer mycket snabbt. Exempel på nitrerade sprängämnen är nitroglycerin och trinitrotoluen. Nitroglycerin tillverkas också för användning som läkemedel. Vidare används salpetersyra som ytbehandlingsmedel i stålindustrin och som rengöringsmedel i livsmedelsindustrin[34].

- **Urea**

  Urea innehåller 46 procent kväve, som är den

högsta halt som finns i något fast handelsgödselmedel. Urea omvandlas först till NH_3 och sedan till nitrater i marken.

Urea används till

- Lim och harts som råmaterial i tillverkningen av spånskivor, laminatgolv och möbler.
- Träindustrin används huvudsakligen i bindemedel för MDF och spånskivor.
- Hälsovård och skönhetsindustri som basmaterial vid tillverkning av många hudkrämer och urea är nyttigt för huden samt i schampo, fuktkrämer och peelingkrämer.
- Annan industrianvändning för metallbearbetning, garverier, vattenrening (som kvävekälla), konstruktions- och anläggningsarbeten (som bindemedel för isolering) och för vinterändamål (snö- och isröjning).

5.2 Svavelsyraindustrin

Mycket viktig, används vid framställning av många andra kemikalier. Tillverkning av gödselmedel, färgämne och sprängämnen. Borttagning av oxidbeläggningar på metaller och som syra i bilbatterier (leder ström bra). När syran löses i vatten delar molekylen upp sig i tre joner – 1 svavelatomer och 4 syreatomer.

Det finns ett otal processer, där svavelsyra ingår. Ibland har produktionen av svavelsyra t.o.m. använts som indexberäkning av ett lands tekniska utveckling.

I Sverige har vi idag två tillverkare - Kemira i Helsingborg och Boliden-Rönnskärsverken i Skelleftehamn. Svaveldioxid är en biprodukt vid produktion av zink och koppar, vilken förädlas till svavelsyra, en produkt som sedan används inom gruvindustrier och inom framställning av konstgödsel.

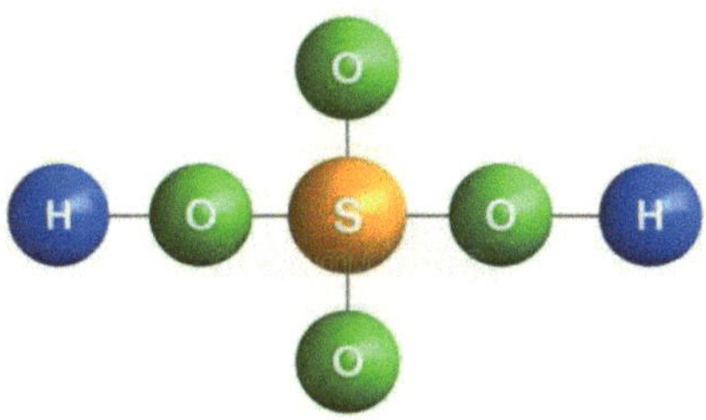

Företagen

- **Kemira Kemi**

  Kemira Kemi AB är ett företag baserat i Helsingborg, tillhörande den finländska kemikoncernen- Kemira. Verksamhet är organiserad i två kundbaserade segment. Massa och papper motsvarar 60 procent av koncernens omsättning och industri och vatten 40 procent.

  Svavelsyrafabriken hade stora utsläpp av svaveldioxid som förorenade luften kraftigt, och gav stora mängder arsenik som restprodukt, så 1992 byggs en ny anläggning och de tre gamla stängdes.

- **Boliden-Rönnskärsverken**

  Rönnskär i Skelleftehamn är ett av världens mest effektiva kopparsmältverk. Anläggningen tar emot leveranser av koppar- och blykoncentrat från egna gruvor, samt från externa leverantörer. Smältverket är idag världsledande på återvinning av elektronik. Från dessa material utvinns främst koppar, guld och silver.

Produktion vid företaget 2024

- Zinkklinker: 29 kton
- Bly: 19 kton
- Svavelsyra: 560 kton
- Silver: 239 ton
- Guld: 7 ton

Produkter

- **Svavelsyra**

  Primärt utnyttjas syrans förmåga att avge protoner. Svavelsyrans vätejon är den billigaste av alla vätejoner. Bland annat av det skälet används främst svavelsyra vid uppslutning av mineraler och andra oorganiska råvaror. Många produkter, såväl oorganiska som organiska, framställs ur svavelsyra. Ofta är det då syrans sulfatjon som spelar huvudrollen.

  Exempel är natriumsulfat (används vid massakokning inom cellulosaindustrin) och sulfapreparat (läkemedel). I många kemiska reaktioner används svavelsyra på grund av sin katalyserande effekt.

  Svavelsyran är frätande. Den är trots detta lätt att hantera, eftersom den koncentrerade syran (96 procent syra) ej angriper järn. I fabrikerna kan syra lagras i stora järncisterner. Trots att dessa använts i decennier, är angreppen på plåten inte märkbara.

Svavelsyra har stor affinitet till vatten. Svavelsyra och vatten bildar lösningar i alla proportioner. Syran kan därför också användas som torkmedel. På grund av sina frätande egenskaper är svavelsyran från skyddssynpunkt ett farligt ämne.

Internationellt är fortfarande framställning av svavelsyra utgående från pyrit vanlig.

Svavelsyra har sedan början av 1800-talet varit den volymmässigt största kemikalien i Sverige. Den dramatiska sänkta produktionen beror på att fosforsyratillverkning, som kräver svavelsyra, helt upphört i Sverige 1992. Detta i sin tur är en följd av en kraftig omstrukturering av gödselmedelsindustrin i Europa.

Nästan alla delprocesser är förknippade med värmeutveckling. Hälften av den frigjorda värmen utvinner man i form av högtrycksånga. Den används för uppvärmning vid den övriga kemikalietillverkningen. Kemira levererar överskottsångan till Helsingborgs kommun via fjärrvärmenätet. Övrig värme i processen utvinns med hjälp av värmeväxlare och levereras som 85°C varmt vatten till fjärr-värmenätet. Den totala leveransen till Helsingborgs kommun motsvarar c:a 40 000 m^3 olja per år, vilket motsvarar knappt hälften av kommunens behov.

Frågan om energin som en ny huvudprodukt syftar på det faktum att energin nästan ger lika stor intäkt till fabriken som svavelsyran. Med stigande energipriser kan man räkna med att värdet på energin ökar och kanske passerar svavelsyrans intäkter.

I Sverige används pyrit eller svavelkis (FeS_2), som råvara och erhålles som en biprodukt vid malmbrytningen inom Boliden Mineral, där malmkoncentrat avskiljs för metallframställning inom Boliden Mineral i Rönnskärsverken. Pyriten är alltså en sammanhållande länk mellan de olika delarna av Bolidenkoncernen. I Rönnskär framställs syran ur produktionsgaserna från den metallurgiska tillverkningen. Råvarorna utgörs främst av kopparkis och blysulfidsliger. En del av gasen används för framställning av flytande svaveldioxid.

5.3 Elektrokemiska industrin

Elektrokemi är den del av den fysikaliska kemin som beskriver samspelet mellan elektricitet och kemiska föreningar.

Elektrokemin studerar hur kemiska reaktioner kan ge upphov till elektrisk spänning och omvänt hur elektrisk spänning kan ge upphov till en kemisk reaktion i en elektrokemisk cell. Omvandling av energi från kemisk form till elektrisk form och motsatt är det centrala i tillämpad elektrokemi.

Elenergi används dels i **elektrokemiska processer** (elektronen deltar aktivt i den kemiska reaktionen i processen) och dels i **elektrotermiska processer** (elektronens energi används enbart för att producera för processen erforderlig värmeenergi).

Exempel på elektrokemiska processer

1. **Elektrolys av vattenlösningar**
   Kloralkaliprocesserna, kloratframställning, elektroraffinering, ytbeläggning, metallframställning
2. **Elektrolys av saltsmältor**
   Natriumframställning
3. **Batteriindustrin**
   Blyackumulatorer, bränsleceller
4. **Organisk syntes**
   Adiponitril

Exempel på elektrotermiska processer

1. Processer inom kemisk industri för framställning av kemiska produkter:
   Karbid, fosfor
2. Processer inom metallurgisk industriella framställning av produkter för verkstadsindustrins behov
   Kiseljärn, kiselkarbid, framställning av legeringar, framställning av stål.

Denna framställning ska avgränsas till ett fåtal viktiga elektrokemiska processer. Den utan tvekan viktigaste elektrokemiska processen är kloralkaliframställningen. I Sverige förekommer några andra elektrokemiska processer t.ex. natriumklorattillverkning. Av tradition brukar man även räkna hit väteperoxidframställningen även om väteperoxiden numera framställs på annat sätt.

Företagen

Producenter inom det elektrokemiska området är

- **Akzo Nobel Pulp and Performance Chemicals AB** (före detta Eka Chemicals AB) var namnet på ett kemiföretag i kemikoncernen AkzoNobel. Idag är bolaget en del av Nouryon, en avknoppning av AkzoNobels kemidivision.

  Akzo Nobel Pulp and Performance Chemicals tillverkar kemikalier för användning inom annan industri såsom läkemedelsindustri, vattenrening och elektronikindustri.

- **Inovyn**
  Från INOVYN i Stenungsund kommer
  - natriumhydroxid,
  - vätgas,
  - saltsyra
  - PVC

  Natriumhydroxid används vid tillverkning av pappersmassa för att frilägga fibrerna under massakokningen. Natriumhydroxiden används även för att tillverka polyoler, (polyalkoholer), som används vid tillverkning av miljövänliga färg- och lacksystem. Ett annat användningsområde är framställning av aluminium.

Produktion och produkter

- Natriumhydroxid kallas även kaustiksoda.
- Vitt, fast ämne, starkt frätande
- Starkt basiskt
- Vid lösning i vatten får man en lösning som heter natronlut (starkt frätande)
- Lösningar känns hala på fingrarna.
- Användning vid tillverkning av salt, tvål, pappersmassa.
- Avlägsnar gammal målarfärg.
- Rengöringsmedel

Natriumhydroxid används som stark bas vid tillverkning av många kemikalier och andra produkter, såsom pappersmassa, textiler, dricksvatten, tvål och tvättmedel. Natriumhydroxid används även som propplösare. Speciellt inom massa- och pappersindustrin används natriumhydroxid.

Kloralkaliindustrin är en sammanfattande benämning på den industri som tillverkar klor (Cl_2) och alkali (NaOH) genom elektrolys av saltlösning. Denna metod har varit den helt dominerande för framställning av klor och alkali. Elektrolysen ger även en viss mängd vätgas.

Tillgången till billig vattenkraft och god efterfrågan från massaindustrin ledde till att Sverige tidigt fick en stor kloralkaliindustri.

Framställningen av natriumhydroxid och klor har

följande bruttoformel:

$NaCl + H_2O \rightarrow NaOH + 1/2\ Cl_2 + 1/2\ H_2 \quad \Delta H=218$ kJ

eller

1,7 ton salt + vatten + 3 300–5 000 kWh ->
1,13 ton NaOH +1 ton Cl_2 + 0,03 ton H_2

Av miljöskäl har den tidigare använda kvicksilvermetoden avvecklats.

Basmembrancell som används vid elektrolys av saltlösning.

Vid anoden (A) oxideras klorid (Cl^-) till klor. Det jonselektiva membranet (B) låter Na^+ flöda fritt över membranet, men förhindrar att anjoner såsom hydroxid (OH^-) och klorid att vandra och passera till andra sidan membranet.

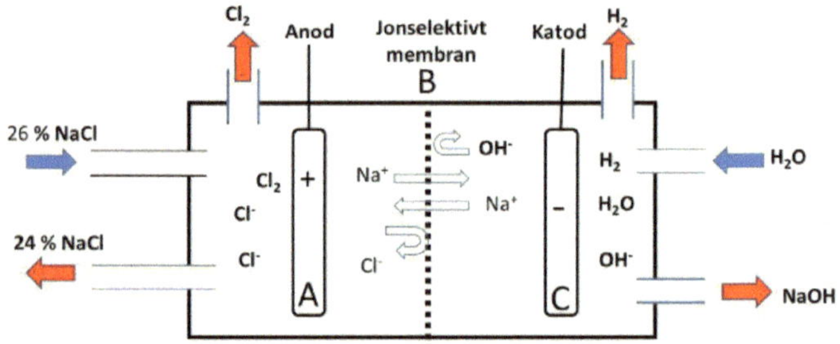

Vid katoden (C) reduceras vattnet till hydroxid och vätgas. Nettoprocessen är elektrolys av en vattenlösning av NaCl i industriellt användbara produkter natriumhydroxid (NaOH) och klorgas.

Elenergin till kloralkalielektrolysen har mer karaktären av råvara än elektricitet. Cirka hälften av den tillförda energin återfinns kemiskt bunden i produkterna vilket framgår av att ΔH (dvs. entalpin för reaktionen) = 218,22 kJ/mol = 1 710 kWh/ton klor. Kloralkaliindustrin är alltså egentligen en energiförädlande industri. Det är den i kloren bundna energin som ger kemikalien dess reaktionsbenägenhet.

Kloralkaliprocessen växte fram ur behov inom cellulosaindustrin av både NaOH som Cl_2. I den då använda metoder var baserad på att använda kvicksilver. Denna kemikalie förbjöds och krävde andra processer.

Klor används vid tillverkning av kalciumhypoklorit ($Ca(ClO)_2$) som används till klorering av simbassänger. I simbassänger används även natriumhypoklorit, (NaClO). Det har också använts som kemiskt vapen.

- **Vinylklorid**
  I VCM-produktionen tillverkas vinylkloridmonomer (VCM) som senare kopplas ihop till PVC. VCM tillverkas av klorgas och eten. Eten framställs ur naturgas eller olja. Eten och klor förenas först till dikloretan, EDC, i en direktkloreringsprocess. VCM framställs genom att dikloretanen värms upp till cirka 500 grader i en kracker.

- **Natriumklorat**

  Den huvudsakliga användningen för natriumklorat är att tillverka klordioxid för blekning av pappersmassa.

  En blandning av natriumklorat och järnpulver som brinner producerar mer syre än som går åt för förbränningen. Det används därför för att generera syre i ubåtar, flygplan och rymdfarkoster[35].

  Vid klorattillverkningen bildas stora mängder vätgas som är råvaran vid tillverkning av väteperoxid Under den senaste 10-årsperioden har natriumkloratanvändningen ökat beroende på att natriumklorat är huvudråvara vid framställning av klordioxid. Klordioxid används inom cellulosaindustrin vid blekning av pappersmassa. Denna blekteknik är effektiv och mycket energisnål samtidigt som den är förhållandevis skonsam mot miljön. Tillverkning av klorat är en helt sluten process där natriumklorat bildas genom elektrolys av natriumklorid i vattenlösning.

  Följande bruttoformel beskriver reaktionen vid elektrolysen:

  $$NaCl + 3\ H_2O \rightarrow NaClO_3 + 3\ H_2\ (g)$$

- **Väteperoxid**

  Väteperoxid används som blekmedel inom industrin eller för till exempel tandblekning. Högre koncentrationer av väteperoxid är frätande och oxiderande. Treprocentig lösning säljs för blekning av bland annat hår och tänder. Låga koncentrationer väteperoxid ingår också i hårfärgningsmedel.

Metoder för framställning av väteperoxid har varit kända sedan tidigt 1800-tal. Ett flertal väteperoxidprocesser har utnyttjats kommersiellt under 1900-talet.

Numera och inom överskådlig framtid dominerar den s.k. AO-processen, som svarar för 98-99 procent av världsproduktionen, som är drygt en halv miljon ton.

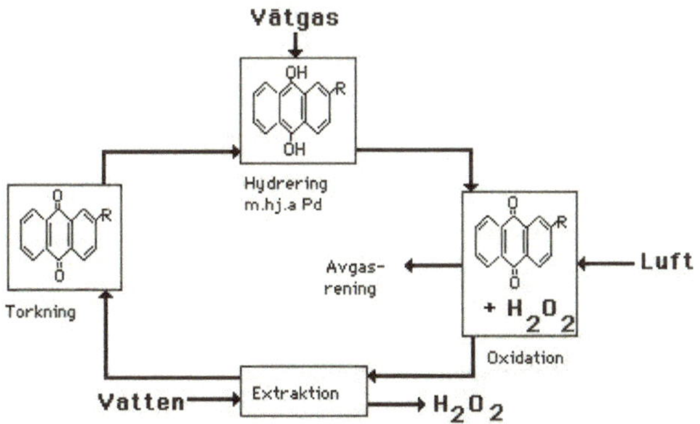

Reaktionsschema för AO-processen

AO-metoden bygger på att man indirekt och utan vattenbildning kan reagera vätgas och syrgas till väteperoxid i en sluten organisk process med hjälp av alkylantrakinoner. Antrakinonerna som är lösta i organiska lösningsmedel reduceras först med vätgas i närvaro av ädelmetallkatalysatorer till antrahydrokinoner.

Dessa oxideras tillbaka till antrakinon med luftsyre under samtidig bildning av väteperoxid. Väteperoxid extraheras ut ur den organiska antrakinonlösningen med vatten till en råprodukt, som efterbehandlas och koncentreras till färdig handelsvara, 35- eller 50-procent väteperoxid. Den organiska lösningen befrias från vatten, varefter den kan utsättas för ny reduktions/oxidationscykel. Ett flertal processförfarande s.k. regenereringssteg har utvecklats för att hålla den dyrbara s.k. arbetslösningen intakt i produktionen.

Den viktigaste råvaran för väteperoxid är som synes vätgas. Av ekonomiska skäl kan den ej transporteras långa sträckor. Väteperoxiden bör därför produceras där vätgasen finns. Vid Akzo Nobel Pulp and Performance Chemicals AB i Bohus erhålles vätgasen från den elektrolytiska klor/ alkaliproduktionen, och vid fabriker i Alby erhålles vätgasen från Alby Kemis natriumklorattillverkning.

5.4 Fosforsyra och fosfatindustrin

I takt med att gödselmedelsförbrukningen i världen minskar, minskar också tillverkningen av fosforsyra. Ungefär tre fjärdedelar går till gödselmedelsproduktion, resten till kemikalier och kreatursfoder.

De tunga oorganiska baskemikalierna ammoniak, salpetersyra och svavelsyra utgör tillsammans med fosforsyra och kalisalt grunden för gödselmedelstillverkningen. I Sverige finns numera ingen fosforsyrafabrik.

Fosfor, som är ett av de vanligaste ämnena i jordskorpan, bryts i Sverige i form av apatit. Där uppträder alltid fosfor tillsammans med tre-fem kalciumatomer. För att göra gödselmedel av apatit måste fosfor och kalcium skiljas åt i en process.

5.5 Handelgödselindustrin

Gödselmedel brukar indelas i tre grupper efter sitt innehåll av växtnäringsämnen:

1. **Enkla kvävegödselmedel**
   Vanligast är kalkammonsalpeter med 28 procent N och kalksalpeter med 15,5 procent N.
2. **P- och PK-gödselmedel**
   Dessa innehåller endast fosfor (P) eller fosfor och kalium (PK). Fosforbasen är superfosfat.
3. **NP- och NPK-gödselmedel**
   Dessa innehåller alla tre huvudväxtnäringsämnena kväve (N), fosfor (P) och kalium (K). Fosforbasen utgörs av fosforsyra.

Produktion och produkter[36]

Den viktigaste näringskomponenten i handelsgödsel är kväve. Kväve som handelsgödsel framställs i olika former genom en kemisk process med samma basvara för framställning av flytande kvävegödselmedel kallat urea och fast kvävegödselmedel, ammoniumnitrat (AN, N-gödselmedel). Urea är det vanligast använda kvävegödselmedlet globalt sett, men används marginellt i Sverige eftersom det inte är lämpligt av miljö- och klimatskäl. I Sverige är urea endast en substitutionsvara om priset är väsentligt lägre än priset på handelsgödsel eftersom kvävetillförseln i Sverige blir lägre med urea än med fast kvävegödsel.

Utöver kväve är fosfor (P) och kalium(K) viktiga ämnen som tillförs N-gödselmedel.

6 PETROKEMISK INDUSTRI

Den petroleumbaserade industrin kallas för petrokemisk industri. 90 procent av petroleum används i dag för framställning av energiråvaror. Denna verksamhet sker i petroleumraffinaderier. Den resterande delen används för tillverkning av olika polymerprodukter.

Olika energibärare - Förnyelsebara

I gruppen biobränslen återfinns de förnyelsebara bränslena som används inom industrin.

- **Obearbetade trädbränslen**
  Flis, bark, spån och liknande brukar också benämnas obearbetade trädbränslen.
- **Bearbetade trädbränslen**
  Briketter, pellets, träpulver och liknande kan hänföras till gruppen bearbetade trädbränslen.

- **Övriga biobränslen**
  Övriga biobränslen är en samlingsgrupp som innehåller bland annat tallolja, avlutar och sextio procent av sopor.

Olika energibärare – Icke förnyelsebara
Fossila bränslen

- **Olja (råolja/petroleum)**
  - Används till transport (bensin, diesel, flygbränsle) och industri.
  - Stor klimatpåverkan (CO_2-utsläpp, luftföroreningar).
- **Kol**
  - Billigt och energirikt, används främst i el- och värmeproduktion samt stålindustri.
  - Högsta koldioxidutsläppen av alla fossila bränslen, dessutom svaveldioxid och kväveoxider → surt regn.
- **Naturgas**
  - Består mest av metan.
  - Används för elproduktion, uppvärmning och industri.
  - Lägre CO_2-utsläpp än kol och olja, men metanläckage är mycket klimatpåverkande.

Kärnbränsle (uran, torium, plutonium)

- Uran är vanligast i dagens kärnkraftverk.
- Ger mycket energi per mängd bränsle.
- Fördel: Låga koldioxidutsläpp vid drift.
- Nackdelar: Radioaktivt avfall, risk för olyckor, uran-

brytning påverkar miljön.

Jämförelsetabell över de vanligaste icke-förnyelsebara energibärarna:

Energi-bärare	Användning	Fördelar	Nackdelar	Miljöpåverkan
Olja	Transport (bensin, diesel, flygbränsle), industri, plastproduktion	Energirik, lätt att transportera och lagra, flexibel användning	Begränsad resurs, prisberoende, geopolitisk konfliktkälla	Höga CO_2-utsläpp, oljeutsläpp i naturen, luftföroreningar
Kol	El- och värmeproduktion, stålindustri	Billigt, stora reserver globalt	Smutsigt bränsle, hälsofarliga utsläpp, låg verkningsgrad	Mest CO_2 per producerad energi, surt regn (SO_2, NO_x), markskador vid brytning
Naturgas	Elproduktion, uppvärmning, industri, hushåll (matlagning)	Mindre CO_2 än kol/olja, flexibel, relativt billig	Risk för metanläckage, importberoende, ändlig resurs	CO_2-utsläpp, metan är en stark växthusgas, landskapspåverkan vid utvinning
Kärnbränsle (uran)	Elproduktion i kärnkraftverk	Mycket energi per bränsleenhet, låga CO_2-utsläpp vid drift	Radioaktivt avfall, risk för olyckor, dyr uppstart	Avfallsproblem i tusentals år, miljöskador från uranbrytning, olycksrisker

Råolja

All råolja importeras. Råoljan importeras främst från Norge, och består av en blandning av tusentals olika kolväteföreningar. Varje dygn omsätter svenska raffinaderier 65 000 m^3 råolja. Ur denna utvinns varje dygn bl a 60 000 m^3 motorbränsle.

Nettoimport råolja[37] (ton)

Land	2020	2022	2024
Norge	11 015 928	11 861 920	9 119 172
USA	1 214 169	1 436 335	1 921 963
Nigeria	1 202 818	1 660 212	1 470 211
Danmark	426 453	30 005	676 483
Ryssland	890 705	342 328	0
Totalt	17 173 049	18 900 719	17 925 951

6.1 Företagen

Följande raffinaderier har byggts

....vid västkusten:

- **Preemraff Göteborg** ligger på Hisingen i Göteborg. Raffinaderiet har kapacitet att raffinera cirka 6 miljoner ton råolja/år. Preem äger även Preemraff Lysekil.
- **Preemraff Lysekil**, tidigare **Scanraff**, är Skandinaviens största oljeraffinaderi, och en av Europas mest moderna anläggningar med kapacitet att raffinera 11,4 miljoner ton råolja/år. Preemraff i Lysekil producerar huvudsakligen bensin, diesel, propan, propen, tunga eldningsoljor och bunkerolja.
- **St1 Göteborg** är ett av världens mest energieffektiva. December 2010 köpte det finska energibolaget St1 Shells affärsverksamhet i Sverige. Där ingick

det tidigare Koppartrans' raffinaderi, som Shell köpt tidigare.

...och på ostkusten:

- **Raffinaderiet i Nynäshamn** som producerar två typer av specialprodukter: nafteniska specialoljor (NSP) och bitumen. Ägare är Nynäs AB.

Den gemensamma kapaciteten motsvarar ungefär halva Sveriges behov av olja.

Preem producerar förnybar diesel i Lysekil

Preem i Lysekil har börjat producera förnybar diesel på prov. Företagen har prioriterat om bland utvecklingsprojekten[38].

År 2024 producerade Preem 950 000 kubikmeter biodiesel. Försöket att nå dit har just börjat i liten skala med råvara av fem procent rapsolja som ska användas tillsammans med fossil råvara.

6.2 Raffinaderiprocesser

Raffinaderiprocesserna (destillation och omvandlingsprocesser) är idag optimerade för framställning av petroleumblandningar för energiproduktion.

Raffinaderiprocesser steg för steg

1. Destillation (fraktionering)

- Råoljan värms upp i ett destillationstorn.
- Olika kolväten skiljs åt beroende på kokpunkt.
- Produkter: gaser, bensin, fotogen, diesel, eldningsolja, tjockolja, asfalt.

2. Katalytisk krackning

- Stora tunga kolväten *klyvs* till lättare molekyler med hjälp av katalysator och värme.
- Ökar produktionen av bensin och propan/butan.

3. Reformering

- Lätta kolväten omvandlas till högoktaniga komponenter för bensin.
- Ger också aromatiska kolväten (t.ex. bensen, toluen) och vätgas.

4. Isomerisering

- Ändrar strukturen på kolväten (från raka till grenade molekyler).
- Ger bättre bränsleegenskaper (högre oktantal).

5. Hydrobehandling (hydrodesulfurisering)

- Råoljeprodukter behandlas med väte under högt tryck.
- Tar bort svavel, kväve och metaller → minskar

luftföroreningar.

6. Alkylering / Polymerisering

- Små molekyler (t.ex. buten, propen) kombineras till större.
- Ger högoktaniga komponenter för bensin.

Produkter från raffinaderiet

- Gasformiga bränslen: gasol (LPG)
- Lätta bränslen: bensin, nafta
- Mellanprodukter: fotogen (flygbränsle), diesel
- Tunga produkter: eldningsolja, smörjoljor, asfalt.

De egentliga kemiska processerna i ett raffinaderi är omvandlingsprocesserna. Dessas syfte är:

- att öka kvaliteten hos energiråvarorna
- ändra energiråvarornas inbördes förhållande
- avsvavla processflöden
- framställa petrokemiska råvaror

Bristande balans kan justeras genom utbyggnad av raffinaderier med enheter för omvandling av kolvätekedjorna. Akzo Nobel Pulp and Performance Chemicals AB har tagit fram katalysatorer, s.k. zeoliter. Genom krackning av tyngre oljor erhålls lättare fraktioner som i sin tur kan förädlas till motorbränsle genom reformering, som kan innebära en isomerisering och en aromatisering.

Petroleum är en blandning av tre typer kolvätenparaffiner, cykloparaffiner (naftener) och aromater samt i mindre mängder svavel, kväve, syre och metallföreningar.

Dessa icke-kolväten är icke önskvärda på grund av att de orsakar lukt samt katalysator- och korrosionsproblem i ett raffinaderi.

Vid destillation av råolja får man en uppdelning efter kokpunkt i lätta och tunga fraktioner av kolväten. Mängderna av dessa fraktioner bestäms av oljans sammansättning. Vissa fraktioner framkommer då i större eller mindre mängd än som motsvarar efterfrågan. I Europa där efterfrågan är störst för eldningsoljor får man ett överskott på lätta fraktioner, medan i USA där efterfrågan på bensinkolväten är stor, blir eldningsoljorna en överskottsprodukt.

Bensin

Bensin tillverkas vanligen från råolja, men det är möjligt att tillverka bensin från andra källor såsom naturgas, kol eller biomassa. Bensin används framför allt som motorbränsle, men också som lösningsmedel. Bensin är inte strikt kemiskt definierat utan är ett handelsnamn för ett petroleumdestillat som består av över 500 olika kolväten. Alla dessa kolväten kan indelas i grupper och en typisk sammansättning är:

- n-paraffiner (15 procent),
- iso-paraffiner (30 procent),
- cycloparaffiner (12 procent),
- aromater (35 procent) och
- olefiner (8 procent).

Utöver detta innehåller bensin även olika tillsatsmedel. Dessa är vanligen avsedda att motverka åldring (stabiliserare), korrosion (antikorrosion) och beläggningar i motor och bränslesystem.

Dieselolja

Dieselolja (ofta enbart diesel), är uppkallad efter motorkonstruktören Rudolf Diesel och avsedd som bränsle för mindre, högvarviga dieselmotorer. Den består huvudsakligen av kolväten med mer än 15 kolatomer.

Eldningsoljor

Eldningsolja är petroleumprodukter, som används som bränsle i fasta anläggningar för värme och/eller kraftproduktion. Sedan oljekrisen på 70-talet har konsumtionen av eldningsoljor minskat avsevärt. 1970 stod tjockolja för 50 procent av oljekonsumtionen, medan den 1989 endast utgjorde 15 procent. Oljan har i stor utsträckning ersatts av elenergi från våra kärnkraftverk.

Flygbränsle

Flygsäkerheten ställer hårda krav på flygbränslets egenskaper. Idag tillverkas två olika typer av flygbränslen – flygbensin och flygfotogen. Flygbensinen (lägre kokpunkter, nära bensin) används av propellerflygplan medan flygfotogen (högre kokpunkter) används i gasturbinflygplan (jetflygplan).

Smörjmedel

De vanligaste och till volymen dominerande smörjmedlen utgörs av petroleumprodukter. Smörjmedlen blandas vanligen av s.k. basoljor, som utvinns och förädlas från den tyngsta fraktionen.

Ett smörjmedel skall inte bara smörja och motverka friktion. Det skall också lösa upp smuts och andra föroreningar som kan orsaka allvarliga problem i maskiner i form av onormalt slitage och korrosionsskador.

Gasol

Gasol, internationellt kallad LPG består av något av kolvätena propan och butan eller blandningar av dessa, som utvinns i toppen på fraktioneringskolonnen i samband med raffinering av råolja. Vid atmosfärtryck och normal rumstemperatur är gasol en gas, men kan genom komprimering vid relativt lågt tryck omvandlas till flytande form.

6.3 Petrokemiska processer

Petrokemin handlar om den del av råoljan, som inte används för framställning av energiråvaror. I petrokemi blir svart, kletig råolja saftflaskor, leksaker, tvättmedel, plastgolv, mediciner, kabelisolering och tusentals andra produkter som omger oss dagligen. Sveriges petrokemiska industri har sitt centrum i Stenungsund.

Endast 10 procent av petroleum används för framställning av konsumtionsprodukter. Denna del av petroindustrin omfattar framställning av

- petrokemiska basråvaror (olefiner, aromater, syntesgas),
- petrokemiska mellanprodukter (t.ex. etenoxid, vinylklorid, polystyrén, ättiksyra)
- petrokemiska produkter (t.ex. glykol, polyvinylklorid, polystyrén, ättiksyra).

Produkter

- **Paraffiner**
  Paraffiner är benämningen på den enklaste kolväteserien och består av mättade föreningar med raka kolkedjor.
- **Naftener (cykloalkaner)**
  Naftenerna tillhör liksom paraffinerna kategorin mättade kolväten. Kolkedjorna är ringformade och uppbyggda av metylengrupper.
- **Aromatiska kolväten**
  Aromaterna har fått sitt namn av den speciella lukten hos några av de först upptäckta föreningarna. Den enklaste föreningen är bensen.
- **Olefiner (alkener)**
  Det enklaste omättade kolvätet är eten. Omättade kolväten med en dubbelbindning kallas olefiner. Olefinerna och vissa andra omättade kolväten förekommer inte i råolja utan uppstår vid olika raffinaderiprocesser.

Processer

Svensk petrokemi startar från petroleumfraktionen. Via termisk krackning med ånga erhålles en produktblandning av vilka endast eten och propen renframställs och utnyttjas i fullständigt integrerade produktionslinjer. Av etenlinjen är etenoxid-, polyeten- och vinylkloridlinjerna utvecklade.

Etenmolekylerna produceras i en krackningsugn, där olika kolväten hettas upp och spjälkas till korta och omättade kolvätemolekyler – bl a eten.

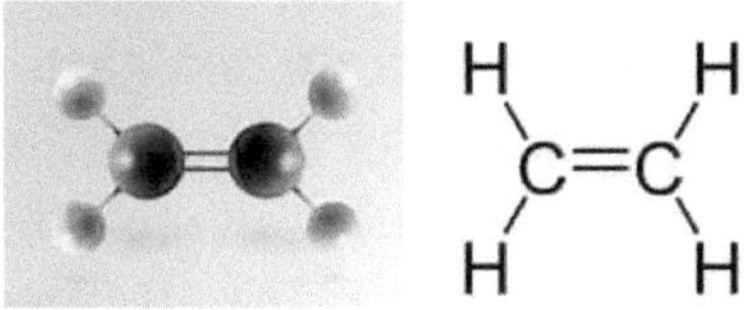

Produkterna från krackern används sedan av de andra industrierna i Stenungsund, dit de skickas genom rörledningar.

Genom katalytisk reformering genom en katalysator av platina eller molybden erhålles en isomerisering av de alifatiska kolvätena och en aromatisering av de mättade cykliska kolvätena, naftenerna. Dessa ämnen får då ett högre oktantal och lämpar sig därefter som motorbränsle.

6.4 Produktion av eten

För att framställa eten underkastas petroleum en termisk krackning vid c:a 800°C med kort uppehållstid c:a 1 sek., under tillsats av vattenånga för att sänka partialtrycket för kolvätena.

Eten och propen används som nämnts som utgångsmaterial vid syntes av ett stort antal produkter t.ex. polyeten, etylenglykol, polypropen, fenol via kumenprocesser samt akrylonitril. Det är lättare att precisera processbetingelserna för pyrolys av enkla föreningar såsom etan och propan än för t.ex. komplexa material som petrokemi.

6.5 Polymerindustin

Polymerer (makromolekyler) har alltid spelat en viktig roll för människan. Förutom att de viktigaste ämnena i alla livsformer är makromolekyler (proteiner, polysackarider, nukleinsyror) har civilisationens utveckling till betydande del berott på människans förmåga att utnyttja makromolekyler. Än i dag är dessa kvantitativt störst och enbart polymeren cellulosa framställs i mer än dubbelt så stor mängd som de syntetiska polymererna tillsammans.

Ett vanligt sätt att strukturera polymerer innebär uppdelning i polymera material (plaster, gummi och fibrer) och polymera hjälpkemikalier. Den förra gruppen är den kvantitativt största och innefattar användningar där polymerernas mekaniska egenskaper utnyttjas. I den senare gruppen sammanförs alla övriga användningar, t.ex. som bindemedel i färg, bestrykningsmedel för papper, jonbytare, viskositetsreglerare för smörjoljor osv.

Polymerindustrin struktureras ofta i polymertillverkande, bearbetande och användande industri. Denna framställning begränsas till den förstnämnda kategorin.

6.6 Stenungsundskomplexet

Industrin i Stenungsund består av ett antal företag. Att dessa ligger i Stenungsund är ingen slump, eftersom de flesta är direkt eller indirekt beroende av varandra[39,40].

- **Nouryon**
  Nouryon har fabriker i Bohus, Stenungsund, Sundsvall, Kvarntorp, Alby och Örnsköldsvik och producerar viktig vardagskemi till industrikunder i stora delar av världen.

  Nouryon är en världsledare inom specialkemi. Industrier i hela världen använder deras specialkemikalier för tillverkning av vardagsprodukter som papper, plast, byggmaterial, livsmedel, läkemedel och hygienartiklar. Företagen har ett industriledande utbud som omfattar varumärken som Eka, Dissolvine, Trigonox och Berol[41].

- **Borealis**
  Borealis är en av världens ledande leverantörer av avancerade och hållbara polyolefinlösningar. I Europa är Borealis också en innovativ ledare inom återvinning av polyolefiner och en stor producent av baskemikalier.

  Verksamheten är miljöcertifierad och har miljömål för att reducera miljöpåverkan.

- **Perstorpkoncernen**
  Perstorpkoncernen är en specialkemitillverkare med tillverkande enheter i 11 länder och säljkontor på alla geografiska marknader. Kunderna finns inom färgindustrin, den plastbearbetande industrin samt fordonsindustrin, men också inom bygg- och verkstadsindustrierna, lantbrukssektorn och många andra områden.

  I Stenungsund har Perstorp Skandinaviens största anläggning för produktion av biodiesel (RME) som produceras av rapsolja och som används både för inblandning i konventionell diesel och till bionedbrytbara plaster som kan skapa unika och hållbara egenskaper hos biopolymerer.

  Biodiesel är ett drivmedel liknande fossil dieselolja, men som inte består av petroleumprodukter. Biodiesel består av långa kedjor av alkylestrar såsom metyl-, propyl- eller etylestrar[42].

- **INOVYN Sverige AB**
  INOVYN Sverige AB har också sin verksamhet i Stenungsund. De är störst i Europa när det gäller natriumhydroxid och PVC för vanliga applikationer.

  I Stenungsund produceras natriumhydroxid, PVC och saltsyra. Ett viktigt projekt i detta sammanhang är konverteringen av klorfabriken från kvicksilverteknologi till modern membranteknologi.

- **Ineos**
  Ineos är landets ende tillverkare av PVC. Tillverkningen är integrerad bakåt i råvaruledet med tillverkning av klor och vinylkloridmonomeren, VCM. Vinylkloridproduktionen i Stenungsund startade hösten 1967 med eten från Esso Chemical (numera Borealis krakeranläggning) och klor från Akzo Nobel Pulp and Performance Chemicals AB i Bohus. Från 1969 tillverkas i Stenungsund kloralkali, vinylklorid och PVC i integrerade processer.

6.7 Produktion och produkter

C:a två tredjedelar av plastförbrukningen hänför sig till de tre bulkplasterna

- polyeten (PE),
- polyvinylklorid (PVC)
- polystyrén (PS).

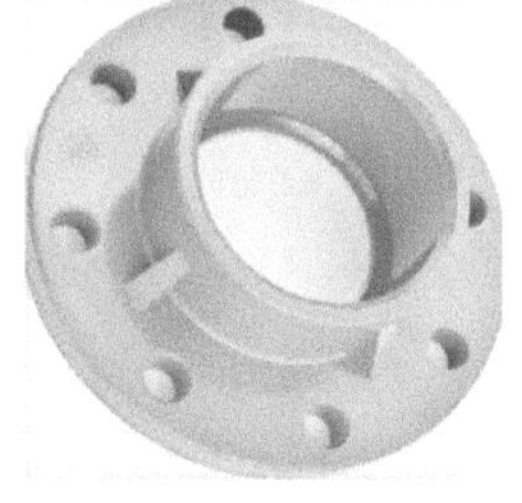

Den återstående tredjedelen utgörs av konstruktionsplaster och specialplaster. Då priserna på dessa produkter genomsnittligt är högre än för bulkplasterna är omsättningen i pengar av samma storleksordning.

De låga priserna för bulkplasterna gör dem känsliga för transportkostnader. Bl.a. av denna anledning finns ett stort antal produktionsanläggningar i många länder.

De högre priserna på konstruktions- och specialplaster gör dem mindre känsliga för transportkostnader och de produceras vanligen på endast ett fåtal ställen. En bidragande orsak är också att de vanligen är omgärdade med patentskydd.

Exempel på konstruktionsplaster är

- polyamider (PA),
- polykarbonat (PC),
- polyoxymetylen (POM),
- polysulfon m.fl.

Bland specialplasterna märks

- polyfenylensulfid (PPS)
- polytetrafluoretylen (PTFE).

Medan konstruktionsplasterna tillverkas i storleksordningen 50 kton till 1 Mton per år i världen och kostar 5 till 20 kr per kg framställs specialplasterna i mindre kvantiteter och betingar högre pris.

Produkter

Det finns olika typer av polyeten. Gemensamt för dem är dock att man som utgångsmaterial använder eten, som vid rumstemperatur är en gas.

$$n\ CH_2{=}CH_2 \rightarrow (CH_2CH_2)_n$$

eten (gas) polyeten (fast)

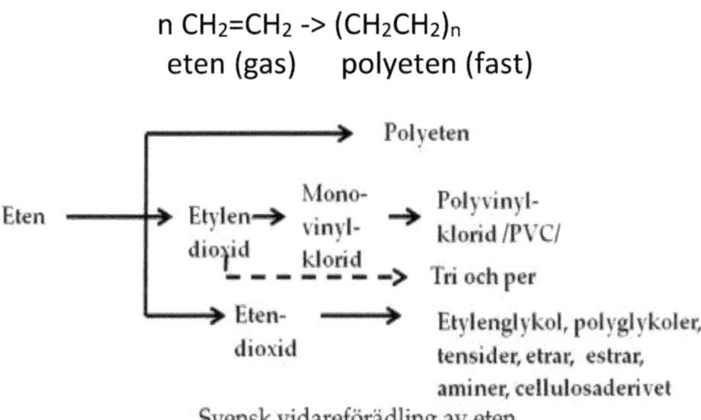

Svensk vidareförädling av eten

- **Polyeten**

  Tillverkning av olika polyetentyper sker vid olika tryck i reaktorn. De produkter som bildas får därvid olika densitet. Detta har gett upphov till den komplicerade floran av beteckningar för olika typer av polyeten.

  LD-PE (LD=låg densitet) är den äldsta polyetentypen. Den har tillverkats i industriell skala sedan 1939. Utmärkande för LDPE är att polymeren framställs vid mycket höga tryck (200-300 MPa).

  Begreppet polyeten står, som nämnts, för två olika sätt framställda och beträffande egenskaper, klart åtskilda produkter. LD- resp. HD-polyeten har på det hela taget helt olika användningsområden.

Eftersom än i Stenung tekniska skäl talar mot en produktion av polyeten på annan plats än i direkt anslutning till en kracker, är tillverkning annorstädes osannolik inom överskådlig framtid.

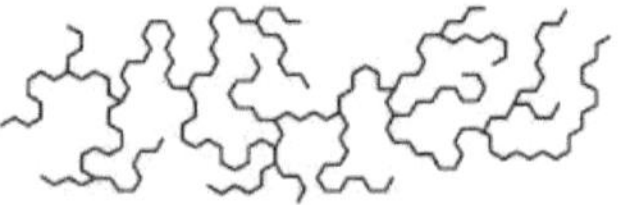

LågDensitets-PE *(LD-PE)*
görs i högtrycksfabriken

Linjär LågDensitets-PE *(LLD-PE)*
görs i lågtrycksfabriken

HögDensitets-PE *(HD-PE)*
görs i lågtrycksfabriken

Produkt	LDPE	HDPE
Film	68%	
Laminering	14%	
Formsprutning	5%	41%
Formblåsning	2%	22%
Rör och kabel	10%	27%
Övrigt	1%	6%

- **Polyvinylklorid**
  Den plast som används mest näst polyeten är polyvinylklorid, PVC. Liksom för polyeten finns i Sverige bara en tillverkare. Med etengas som råvara framställs vinylkloridmonomer som sedan polymeriseras.

PVC kan ges varierande fysikaliska och kemiska egenskaper. Mjuk PVC används bl.a. till golv och kabelisoleringar, hård PVC till rör och profiler.

Produkt	PVC
Plastfilm, folier, golvbeläggning	36 %
Kabelisolering, rör, vattenslangar	23 %
Ytbestrykning, bindemedel	23 %
Grammofonskivor, leksaker, regnkläder	10 %

- **Etenoxidbaserade produkter**

  Med en världsproduktion av fem miljoner årston är etenoxid (oxiran) en av de största petrokemiska produkterna. 60 procent används vid tillverkning av etenglykol för kylarvätska och polyesterfiber. Akzo Nobel, som är Nordens enda tillverkare av etenoxid, har istället valt att utnyttja oxirankemins möjligheter till framställning av prisvärda prestationskemikalier.

$$H_2C{=}CH_2 + 1/2O_2 \longrightarrow CH_2{-}CH_2 \text{ (via O, ring)}$$

  Den helt dominerande produktionsprocessen för etenoxid grundar sig på den skenbart enkla reaktionen.

- **Polyglykoler och nonjontensider**

  Etenoxid reagerar med vatten till etylenglykol, som genom sina två alkoholgrupper kan reagera vidare med etenoxid. Polyetylenglykoler med molekylvikt upp till c:a 100 000 kan framställas med NaOH som katalysator.

Viktiga användningar grundar sig på polyglykolernas förmåga att ersätta vatten i de amorfa regionerna hos cellulosa. Detta utnyttjas för dimensionsstabilisering av trä och specialpapper.

Beroende på polymerisationsgrad får PEG olika smältpunkter. Detta kan användas i medicinska tillämpningar. Vagitorier och suppositorier kan göras fasta i rumstemperatur, men smälter i kontakt med kroppens temperatur.

Kuriosa
Konserveringen av Vasa och dess samlingar på mer än 40 000 föremål tog över tio år och var ett pionjärprojekt inom maritim arkeologi på sin tid. Konserveringen utgör nu grunden för bevarandet av skeppet och föremålen som fanns ombord[43].

När vattendränkt trä får torka utan behandling kan det krympa och det kan uppstå stora sprickor. Träet kan se friskt ut men träcellerna är försvagade av bakterieangrepp. Det behövs därför något som kan ersätta vattnet i cellerna och ge stöd inifrån. Efter att ha undersökt flera tänkbara material valdes **polyetylenglykol** för att behandla träet i Vasa.

Regalskeppet Wasa

Sammanfattning:

Kedjan från råolja till färdig polyeten (PE-plast):

1. Råolja → Nafta (från raffinaderi)

- Råolja destilleras i ett raffinaderi.
- En av de viktigaste fraktionerna för plasttillverkning är nafta, en lätt vätska.
- Nafta fungerar som råvara (s.k. *petrochemical feedstock*).

2. Nafta → Eten (krackning)

- Nafta krackas i en ångkrackningsprocess (steam

cracking):

  - Höga temperaturer (~800 °C) och ånga.
  - Stora kolvätemolekyler bryts ner.
- Viktig produkt: **eten (C_2H_4)**, en gas som är huvudmonomeren för polyeten.
- Andra biprodukter: propen, butadien, aromatiska kolväten.

3. Eten → Polyeten (polymerisation)

- Eten-molekyler polymeriseras → bildar långa kedjor (polyeten).
- Två huvudmetoder:
  - Högtryckspolymerisation → LDPE (låg densitet, mjuk plast, t.ex. plastpåsar, folier).
  - Katalytisk polymerisation (Ziegler–Natta eller metallocenkatalysatorer) → HDPE (hög densitet, hård plast, t.ex. flaskor, rör).

4. Bearbetning till plastprodukter

- Polyeten granulater (små plastkorn) tillverkas i fabriken.
- Transporteras till plastindustrier.
- Bearbetas genom formsprutning, extrudering eller blåsformning till färdiga produkter: påsar, flaskor, leksaker, rör, etc.
- Derivat av sockeralkoholer och polysackarider Sorbitol är en sockeralkohol, som i likhet med glycerol kan användas som utgångsmaterial för reaktioner med etenoxid och propenoxid. Dessa reaktioner utförs på liknande sätt som vid framställ-

ning av nonjontensider, och leder till polyeteralkoholer med molvikter mellan 500 och 6 000.

Polyolerna används tillsammans med isocyanater som utgångsmaterial för tillverkning av polyuretancellplast. Genom lämpligt val av utgångsmaterial kan polyoler med två till åtta polyeterkedjor framställas.

- **Etylenaminer**
  Etylenaminer och piperazin är utgångsmaterial för bl.a. komplexbildare, växtskyddsmedel och veterinärmedicin.

- **Propenbaserade processer**
  Vid den i Stenungsund befintliga krackern producerat propen används inom landet ännu så länge endast i ringa omfattning för kemisk omvandling. Vid Perstorp Oxo används propen för butyraldehydframställning.

  Huvuddelen av propenoxiden används för framställning av polyoler (annan benämning polyeteralkoholer) vilka i sin tur utgör råvara för s.k. polyuretaner.

6.8 Materialåtervinning av plast

För att kunna skapa tillgång på återvunnen råvara och även återvinna plast som idag är svåra att återvinna behövs flera olika typer av materialåtervinning, både mekanisk och kemisk återvinning[44].

Materialåtervinning innebär att ett avfall upparbetas till en ny produkt. Det är viktigt att materialet behåller sitt värde så att det kan materialåtervinnas flera gånger. Cirkulära loopar där ett produktavfall blir samma produkt igen är ett sätt att bevara värdet.

- **Borealis**

  Kemindustribolaget Borealis i Stenungsund gör en förstudie till ett nytt sorts raffinaderi för återvinning av plast. Det handlar om kemisk återvinning som – om allt går vägen – kan innebära en rejäl miljövinst.

Idag räknar man med att endast 16 procent av plastavfallet i Sverige återvinns och blir plast igen, resten eldas upp för att bli energi och bidrar därigenom med utsläpp av växthusgaser. Vilket är ett tydligt identifierbart problem. Det handlar om ett raffinaderi där man genom kemisk återvinning av plast skall se om man kan återvinna mer av returplasten. Man försöker öka återvinning med 20-30 procentenheter.

Kanske en ny möjlighet: Forskare har funnit en ny katalysator, som gör avfall av plast till flytande bränslen. Forskare visar en snabbare och mer miljövänlig process än tidigare metoder.

6.9 Mikroplaster

Mikroplast är ett samlingsnamn för små plastfragment som är upp till fem millimeter. Det kan vara tillverkat som mikroplast, eller bildas vid slitage eller nedbrytning av plast[45].

Förekomsten av mikroplaster är ett stort miljöproblem som har uppmärksammats allt mer under de senaste åren.

Vad är mikroplaster?

- **Definition**
  Plastpartiklar som är mindre än 5 mm i diameter.
- **Källor**:
  - **Primära mikroplaster**: Avsiktligt tillverkade små plastbitar, t.ex. i kosmetika, rengöringsmedel och industriella produkter.
  - **Sekundära mikroplaster**: Bildas när större plastföremål bryts ner av solljus, vind och vatten.

Förekomst i miljön

- **Hav och sjöar**
  Stora mängder mikroplaster har påträffats i haven, särskilt i områden med strömsamlingar (t.ex. ”skräpgirarna”).
- **Floder och avloppsvatten**
  Mikroplaster transporteras ofta från städer via dagvatten och avloppsreningsverk.
- **Mark och jordbruk**
  Spridning via slam från reningsverk och nedbrytning av plastfolie i jordbruk.
- **Atmosfären**
  Fibrer från kläder och däckslitage kan spridas med vinden och påträffas även långt från källorna, t.ex. i berg och Arktis.

Förekomst i organismer

- Har hittats i fisk, musslor, plankton och även i mänskliga vävnader (blod, lungor, moderkaka).

- Mikroplaster kan ta sig in i näringskedjan och potentiellt påverka både ekosystem och hälsa.

Vanliga typer av mikroplaster

- Polyeten (PE)
- Polypropen (PP)
- Polystyren (PS)
- Polyetentereftalat (PET)

Varför är det ett problem?

- Plast bryts inte ner biologiskt utan fragmenteras till mindre partiklar.
- Kan bära på miljögifter (t.ex. ftalater, bisfenoler, tungmetaller) eller fungera som "transportörer" av andra föroreningar.
- Effekter på människors hälsa är ännu inte helt klarlagda, men oro finns kring inflammation, påverkan på hormonsystem och bioackumulation.

I våra hav flyter det runt mer än 150 miljoner ton plast. Varje år ökar mängden plast med mellan 5 och 13 miljoner ton. Plastskräpet som till exempel består av olika plastartiklar och fiskeredskap fragmenteras sakta ner till mikroplaster och beroende på typ av plast, temperatur och exponering för solljus kan nedbrytningen ta flera hundra år. Den långa nedbrytningstiden innebar att mängden mikroplast kommer att öka under en lång tid även efter det att tillförseln av ny plast har upphört. Idag finns nämligen inga fungerande metoder for att städa bort de minsta plastpartiklarna ur haven. Lösningen är att förhindra och om det inte går, kraftigt minska tillförseln.

Studien *No Plastic in Nature: Assessing Plastic Ingestion from Nature to People* visade att vi konsumerar cirka 2 000 små plastbitar varje vecka. Det är ungefär 21 gram i månaden, drygt 250 gram per år.

Viktiga källor till utsläpp av mikroplaster

- Industriell produktion och hantering av primärplast
- Slitage av däck från vägar
- Konstgräsplaner
- Textiltvätt
- Båtbottenfärg
- Nedskräpning

De huvudsakliga spridningsvägarna utgörs av dagvatten, luft och avloppsreningsverk[46]

Tillverkning och hantering av plast kan medföra utsläpp av mikroplast. Utsläpp av plast kan förutom vid själva tillverkningen av plast och plastprodukter även ske vid transport, lastning och lossning samt vid de olika hanteringsstegen på anläggningen.

I den marina miljön är det ett allvarligt problem med mikroplaster. De små invånarna i havet misstar plastbitarna som föda. Deras matsmältningssystem kan inte bryta ned plasterna så det stannar kvar. Varje år skadas eller dör tusentals sjöfåglar, fiskar och däggdjur i skräpet som släpps ut i haven[47].

Mikroplaster kan orsaka olika typer av skador, både på

miljön och hälsan.

Miljöskador
Mikroplaster hamnar i haven och kan påverka fiskar, skaldjur och andra organismer som misstar dem för föda. Mikroplaster sprids även via avloppsvatten och gödningsmedel (t.ex. slam från reningsverk), vilket kan påverka jordens kvalitet och mikroorganismer.

Mikroplaster har upptäckts i dricksvatten och vattendrag, vilket kan påverka ekosystemens hälsa. Mikroplaster kan ta upp miljögifter som PCB och tungmetaller och sedan överföras till djur som äter dem.

Hälsoskador
Mikroplaster har hittats i människors blod, lungor och matsmältningssystem, vilket kan orsaka inflammation och cellskador. Vissa plaster innehåller kemikalier som bisfenoler och ftalater, vilka kan påverka kroppens hormonsystem.

Forskare har kunnat bekräfta att mikroplaster faktiskt finns inne i människokroppen. 2022 rapporterade nederländska forskare för första gången att mikroplast påvisats i blodprover från vanliga människor. Man fann partiklar av bl.a. PET (från plastflaskor), polystyren och polyetylen.

Forskare i Storbritannien hittade mikroplastfibrer i lungvävnad – bland annat från kläder (polyester, akryl) och från förpackningar.

Mikroplast har hittats i mänsklig avföring i flera länder,

vilket visar att vi får i oss plast via mat och dryck. Studier på patienter har även funnit partiklar i magsäck och tarmar.

Forskningen är fortfarande ung, men man misstänker att mikroplast kan:

- orsaka inflammation och cellskador
- föra med sig kemikalier (t.ex. mjukgörare, tillsatser)
- påverka lungornas funktion om partiklarna fastnar i vävnaden
- rubba tarmfloran och matsmältningsprocesser

Forskare från Chinese Academy of Sciences samlade in prover från vatten och bottnar i Mariana-graven (och andra djuphavströsklar) på djup från ca 2 500 meter ner till över 11 000 meter. I vattnet fanns mellan ~2,06 och ~13,51 plastpartiklar per liter.

I sedimenten fann man mycket högre nivåer — från ungefär 200 till ~2 200 plastpartiklar per liter, särskilt nära botten i Mariana-graven.

Mycket består av fibrer: plastfibrer från kläder (t.ex. polyester, nylon), fragment av plast, delar som liknar plastbelagda trådar etc.

7 ORGANISK KEMISK INDUSTRI

Två områden där den organiska industrin har expanderat relativt snabbt under senare år är de tunga organiska kemikalierna och läkemedlen[48].

I landet startar kemiföretag ofta från importerade mellanprodukter (inte från kol/olja/gas). Exempel är metanol, toluen och xylen. Dessa används som bas för att framställa en rad organiska kemikalier och plaster — t.ex. formaldehyd (>200 000 ton), ftalsyra, anhydrid, ftalater, alkyder, feno- och aminoplaster, polyestrar och polyvinylacetat. Toluen används också både för sprängämnen och som råvara i vissa läkemedel.

Punkter: mellanprodukter → användningar + konsekvenser

- Metanol → utgångspunkt för formaldehyd (stort volymflöde) och andra kemikalier.
- Toluene → utvinns vidare till sprängämnen och vissa läkemedel.
- Xylene → råvara för ftalsyra, anhydrid och ftalater (används i plast/tillsatser).

Konsekvenser:

- Högt importberoende av mellanprodukter skapar sårbarhet för pris- och leveransstörningar.
- Lokala företag kan fokusera på vidareförädling (värdekedjan längre ner) snarare än primärpetrokemi.

Produktionskedjan för organiska kemikalier
Råvaror (primärnivå)

- Kol
- Olja
- Naturgas

Mellanprodukter

- Metanol
- Toluen
- Xylen

Vidareförädling till bas-kemikalier

- Metanol → Formaldehyd (>200 000 ton/år)
- Xylen → Ftalsyra, anhydrid, ftalater
- Toluen → Sprängämnen & vissa läkemedel

Materialproduktion

- Formaldehyd + andra komponenter →
    - Alkyder
    - Fenoplaster
    - Aminoplaster
    - Polyestermaterial
    - Polyvinylacetat

Slutprodukter - användning i samhälle och industri

- Plastmaterial (förpackningar, bygg, textilier, etc.)
- Sprängämnen (industri/försvar)
- Läkemedel
- Tillsatser (t.ex. ftalater i plast för mjukhet/flexibilitet)

- Möjliga miljö- och regelfrågor kring tillverkning av ftalater och vissa plaster.

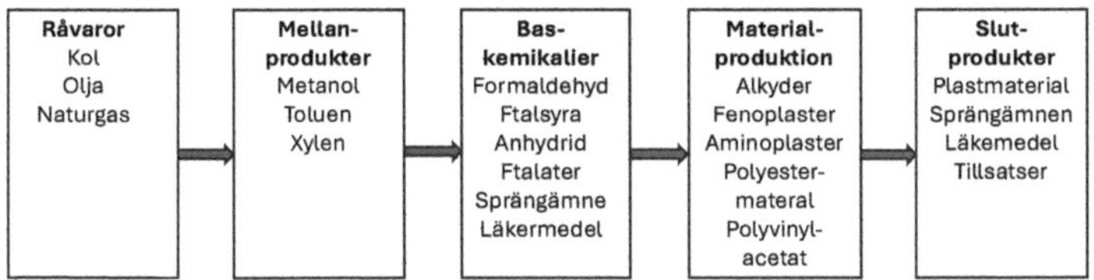

7.1 Företagen

- **Nobel Industrier AB**,
  Nobel Industrier AB tidigare kemi- och försvarsidéstin som bildades 1984 genom att dåvarande AB Bofors förvärvade KemaNobel. Koncernen upphörde som självständig enhet i samband med att den nederländska kemikoncernen Akzo övertog aktiemajoriteten 1993.

- **AkzoNobel Sverige**
  I Sverige har AkzoNobel cirka 1 000 anställda på sex orter.

  Företagets starka varumärken inom färg och ytskydd:

  - **Färg**
    Nordsjö
    Nordsjö PROFESSIONAL
    Hammerite
    Sadolin
    Polyfilla (polyfylla)
    Cuprinol

- **Ytskydd (Beläggningar)**
  Interpon pulverlacker
  Internationell
  Interlux
  AWLGRIP
  Resicoat
  Sikkens (Sikkens)
  Dyna Kappa
  Zweihorn
  Lesonal

- **Perstorp** och **Perstorp Oxo**
  Perstorp är marknadsledande inom valda nischer av specialkemi och materialteknologi.

  Perstorp är ett företag som utvecklat egen teknologi (Formoxprocessen) och därigenom även kunnat sälja ett kunnande såväl inom som utom landet. Perstorp Oxo är yngst och minst i petrokemikomplexet i Stenungsund. Av eten, propen och naturgas producerar Perstorp Oxo aldehyder, alkoholer och organiska syror till bland annat färg, lack och säkerhetsglas.

- **Nouryon**
  Ingår i Stenungsundskomplexet. (Se även kap. 6.6)
  Nouryon är ett internationellt kemiföretag som skapades 2018, när Akzo Nobel sålde sin specialkemidivison till det amerikanska Carlyle Group. Verksamhet i Sverige bedrivs på flera platser som Bohus,

Stockvik, Stenungsund, Örnsköldsvik och Alby. Företaget har en lång historia i Sverige med rötter till år 1646 då verksamheten grundades under namnet Bofors. Därefter har företaget bytt namn många gånger, varav det senaste var AkzoNobel.

Nouryon tillverkar specialkemikalier som används vid produktion av papper och mobiltelefoner och finns som ingredienser i exempelvis textilier, hygienartiklar och byggmaterial. (Se även kap. 5.6)

Deras produkter används vid produktion av papper och mobiltelefoner och finns som ingredienser i exempelvis textilier, hygienartiklar och byggmaterial.

7.2 Produkter

- **Metanol**

  Vanligast i dag och billigast är att utgå från naturgas. När olja och naturgas så småningom stiger i pris blir förgasning av kolhaltiga material den väg som återstår. Förutom kol, torv eller ved kan man utgå från energigrödor, kanske t.o.m. sopor. Det är möjligt, (men förekommer inte) att styra processen så att man i stället för metanol används för närvarande c:a 50 procent för framställning av formaldehyd. Intresset för metanol har därför huvudsakligen varit beroende av marknaden för produkterna framställda av formaldehyd. Man har också oroat sig för att tappa formaldehydmarknaden allt eftersom framsteg gjorts på att utveckla direktoxidationsprocesser för formaldehyd utgående från LPG eller en lätt petroleumfraktion.

Metanol användes för produktion av

o	formaldehyd	50 procent
o	dimetyltereftalat	10 procent
o	metylhalider	5 procent
o	metylamider	5 procent
o	metylmetaakrylat	5 procent
o	som lösningsmedel	10 procent

Metanol är också intressant som transportform för energi mellan kontinenter. Energirik och gasformig syntesgas överföres till vätskeformig metanol, transporteras till energiförbrukaren som behöver SNG (Substitute natural gas). Metanolspaltning sker enligt reaktionen:

CH_3OH -> 3 CH_4 + CO_2 + 2 H_2O ΔH=298 kJ/mol

- **Formaldehyd**
  Formaldehyd framställs genom oxidation av metanol. Två olika processer förekommer. Den ursprungliga är en process baserad på en silverkatalysator och en nyare som använder en järnmolybdenoxidkatalysator (Formoxprocessen).

Perstorp AB är världsledande på teknologin för formaldehydframställning och har utvecklat Formoxprocessen. Perstorp AB, Perstorp Oxo och Casco Products är svenska producenter av formaldehyd.

Formaldehyd används huvudsakligen till fenolformaldehydlim och ureaformaldehydlim. Den används också för framställning av polyalkoholer, vilka används i polyestrar.

- **Etanol**
  Det finns många användningsområden för 95-procentig etanol, bland annat i livsmedel, läkemedel och som ingrediens i miljövänliga lösningsmedel. Etanol 95 ökar också i betydelse som drivmedel för fordon. Övriga exempel på etanolens användnings områden är klister, kosmetika, sprängämnen, tvättmedel, industriell lackering, bläck, ättiksprit, spo-

larvätska, som köldbärare och i viss processindustri[49].

Etanolkemin erbjuder principiellt stora fördelar i jämförelse med petrokemisk tillverkning. Genom att man utgår från en ren kemisk individ som råvara för kemikalieframställningen kan reaktionerna drivas rent utan stora mängder biprodukter och anläggningarna kan vara av måttlig skala.

Med stigande etenpriser och en ekonomiskt lönsam fermentativ etanolframställning i stor skala, för t.ex. drivmedelsändamål, kan pendeln svänga tillbaka till förmån för etanolkemin - inte minst av beredskapsskäl. Det är därför av stor vikt att existerande knowhow tillvaratas och tekniken dokumenteras för ev. framtida bruk.

Vid jäsning av jäsbara monosackarider brukar 90-95 procent av sockret förjäsas, förutsatt att man ej försöker jäsa för stora sockermängder. Vid viss alkoholhalt, c:a 14 procent, upphör nämligen jäsningen, eftersom tillväxten av jästceller upphör.

Jästcellerna förstörs även vid upphettning till temperaturer över 60°C.

Helt vattenfri etanol, s.k. absoluterad etanol, används t.ex. i tryckfärger och karburatorsprit. Etanol för inblandning i bensin måste också vara vattenfri.

- **Acetaldehyd**
  Acetaldehyd är en viktig råvara vid tillverkning av andra kemiska produkter. Bland producerade produkter kan nämnas färgbindemedel och mjukningsmedel för plaster. Acetaldehyd är också en vanlig råvara vid tillverkning av ättiksyra.

- **Ättiksyra**
  Ättiksyra används i koncentrerad form som råvara till olika kemiska plaster, men även vid framställning av lösningsmedel av estertyp, främst butyl- och etylacetat. Ättiksyra används vidare vid tillverkning av perättiksyra, vilken används som blekmedel inom cellulosaindustrin. I utspädd form används ättika i hushållen vid inläggning av t.ex. sill och gurka. Utspädd biobaserad ättiksyra har fått en växande användning som ogräsbekämpningsmedel.

- **Etylacetat**
  Etylacetat är ett lösningsmedel som används i många sammanhang, bl.a. för att lösa upp färger, lacker, plaster och gummi. Etylacetat framstår som ett av de minst miljöpåverkande av de organiska lösningsmedlen. Produkten kännetecknas av stor

effektivitet, samtidigt som den är lätt nedbrytbar i såväl luft som vatten.

- **Oxoalkoholer**
  Enda företaget i Sverige som producerar oxoalkoholer är **Perstorp Oxo** och ägs av koncernens svenska paraplybolag Perstorp Sverige AB.

  På Perstorp OXOs anläggning i Stenungsund produceras med utgångspunkt från råvaran naturgas aldehyder, alkoholer, karboxylsyror och estrar.

  Site Stenungsund Perstorp är producent av specialkemikalier till färg, lack och plastbearbetande industri.

  Oxosyntes kallas reaktionen mellan en olefin och en blandning av kolmonoxid och vätgas (syntesgas) under bildning av motsvarande aldehyd. Ur kemisk synpunkt är hydroformylering en bättre benämning av reaktionen, som tilllämpad på propen ger en blandning av *n- och isobutyraldehyd.*

7.3 Syntesgasframställning

Perstorp Oxos syntesgastillverkning sker enligt Texacos partialoxidationsprocess. Råvarorna till syntesgasgeneratorn är olja, syrgas och ånga. För den efterföljande oxoprocessen behövs ett molförhållande $CO:H_2$ på ungefär 1:1,05. Syntesgasen renas från koldioxid och svavelföreningar innan den går in i oxoprocessen.

7.4 Produktion

- **Oxoanläggningen**

  I själva oxoanläggningen tillverkas butyraldehyd ur syntesgas och propen. Reaktionsprodukten är en blandning av isomererna normal- och isobutyraldehyd. Av dessa har normalbutyraldehyd det högre marknadsvärdet.

  Isobutyraldehyden används främst för framställning av isobutanol. Den vid reaktionen erhållna proportionen mellan de båda isomererna är därför mycket betydelsefull för processens ekonomi.

- **Oktanol**

  Ungefär hälften av den normalbutyraldehyd, som tillverkas vidareförädlas till oktanol (2-etylhexanol). Den andra hälften konverteras till butanol och oktansyra i anläggningen i Domsjö.

- **Mjukningsmedelsframställning**

  Mjukningsmedelstillverkningen sker i en satsvis process. Som råvaror utnyttjas olika syror och alkoholer. Den viktigaste produkten är dioktylftalat, som kemiskt sett är diestern av oktanol och ftalsyra.

8 SKOGSINDUSTRIN

8.1 Skogen

Sverige är en skogsindustriell *stormakt* - världens fjärde största exportör av papper, den tredje största leverantören av massa och Europas tredje största skogsindustri. Europa, med Sverige och Finland i täten, anses nu leda utvecklingen inom branschen och har övertagit Nordamerikas tidigare ledande roll. Som en konsekvens av detta testas nya idéer ofta i full skala i Europa.

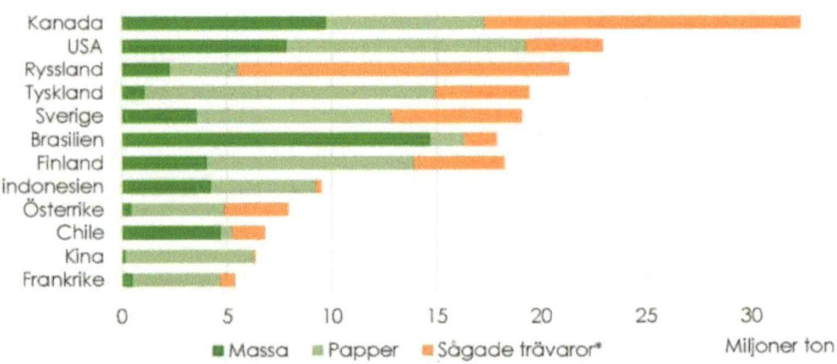

Världens ledande exportörer 2018[50] (Källa: Skogsindustrierna)

Den svenska vedråvaran, teknisk kompetens, tillgång till inhemsk leverantörsindustri och närhet till viktiga kunder har varit viktiga faktorer för massa- och pappersindustrins utveckling. Branschen har genomgått en omfattande strukturomvandling. Idag anses produktmixen för svensk massa och pappersindustri i allmänhet som god, med en bas i papper för förpackningar, hygienprodukter och grafiska ändamål. Den svenska industrin använder till stora delar jungfrulig fiber medan många konkurrenter använder mera returfiber. Den svenska massa och pappersproduktionen spelar därför en avgörande roll för Europas fiberförsörjning[51].

Trender

- Minskad efterfrågan på tidningspapper och skrivpapper p.g.a. digitalisering.
- Ökad efterfrågan på kartong och förpackningar (ersätter plast).
- Hållbarhet och återvinning blir allt viktigare – många länder satsar på cirkulära system för papper.

Branschen är en i hög grad exportberoende näring, som via exporten tar in betydande belopp till landet. Det finns ingen annan bransch, som kan tävla med skogsindustrin när det gäller att tjäna in pengar till landet. (Se även kap. 1.1)

Produktion och export av papper 2019 (miljoner ton)

Produkt	Total produktion	Exportandel %
Förpackningskartong	2,9	96
Förpackningspapper	0,9	90
Wellpappmaterial	2,1	93
Tryckpapper	2,4	92
Tidningspapper	0,9	87
Övrigt	0,4	63

Massaproduktionen i Sverige låg 2021 på ungefär 11,7 miljoner ton, varav cirka 4,8 miljoner ton var marknadsmassa.

Samma år producerades ungefär 8,9 miljoner ton papper och kartong.

Löften

Hösten 2023 enades Skogsindustriernas 220 medlemmar om tre löften för en hållbar utveckling.

- Till 2040 ska skogsindustrins klimatnytta öka med 30 procent
- 2040 ska skogsindustrins produkter vara helt fossilfria och återvinningsbara

- 2040 ska Sverige ha livskraftiga skogar med en rikare biologisk mångfald

Ekonomisk betydelse

- Sverige är en av världens största exportör av massa, papper och sågade trävaror
- 2023 uppgick det totala exportvärdet av svenska skogsprodukter till cirka 183 miljarder kronor. (2022: 186 miljarder)
- Mer än 80 procent av produkterna exporteras.
- Cirka 2 av 3 träbaserade produkter som tillverkas i Sverige säljs inom EU.
- Investeringar (ny tekning, utrustning eller anläggningar): 42 miljarder kronor mellan åren 2021-2023.

Sysselsättning

- Skogsindustrin svarar för 9-12 procent av svensk industris totala sysselsättning, export, omsättning och förädlingsvärde.
- Svenska skogsindustrin sysselsätter cirka 140 000 personer (anställda eller som underleverantörer).

Skog

- 70 procent av Sveriges yta är täckt av skog.
- 3 procent av Sveriges mark är bebyggd.
- 75 procent av skogen brukas.
- 1 procent av skogen avverkas årligen.
- Varje träd som skördas, ersätts med 2-3 nya plantor.

- Cirka 400 miljoner plantor planteras årligen i den svenska skogen.
- Virkesförrådet i den svenska skogen har fördubblats sedan 1920-talet.

Energi

- 96 procent av den värmeenergi som skogsindustrin använder är bioenergi.
- Elförbrukning: 18 TWh. per år, drygt 14 procent av Sveriges totala elanvändning.
- Flera skogsindustriföretag är stora elproducenter. Skogsindustrin är självförsörjande på förnybar el upp till 50 procent.
- Skogsindustrin Sveriges största tillverkare av bioenergi.

Miljö

- Utsläppet till vatten av organiskt material från massa- och pappersbruk har minskat med 90 procent sedan början av 80-talet samtidigt som massaproduktionen ökat med 30 procent.
- Utsläppet till luft av svavelföreningar från massa- och pappersbruk har minskat med 98 procent se-

dan början av 80-talet samtidigt som massaproduktionen ökat med 30 procent.

Cirkularitet

- 78 procent av alla pappersförpackningar som används i Sverige återvinns.

Transport

- Varje år fraktas cirka 68 miljoner ton gods via järnväg inom Sverige. Cirka 17 miljoner ton av detta är skogsprodukter.
- Varje år fraktas cirka 442 miljoner ton gods via lastbil inom Sverige. Cirka 80 miljoner ton av detta är skogsprodukter.

8.2 EU:s skogspolitik

EU:s skogsbruksstrategi fungerar som ett ramverk för skogsrelaterade åtgärder på EU-nivå och strävar efter bättre samordning av de olika politikområden som rör frågor, som påverkar skog och skogsbruk. Skogsstrategin för 2030 är en central del i ansträngningarna för att minska utsläppen av växthusgaser med minst 55 procent senast 2030.

EU kritiserar Sverige för det svenska skogsbrukets kalhyggen. Enligt EU-kommissionen skadar kalhyggena unionens klimatarbete och den biologiska mångfalden. Den nya EU-strategin går helt på tvärs mot det svenska skogsbrukets praktik. EU-kommissionen vill undvika plantering av samma trädslag. De vill även att kalhyggen ska undvikas eftersom de släpper ut stora mängder koldioxid.

Kalhyggen eller växtföryngringsytor har i många år varit den tillämpade metoden för ett rationellt skogsbruk i Sverige. Resultatet blir stora ytor med jämnstora träd av samma slag.

8.3 Företagen

Under de senaste årtiondena har massa och pappersindustrin genomgått en omfattande rationalisering och modernisering. Många av de äldre massafabrikerna har lagts ned, främst mindre sulfitfabriker och träsliperier. Sedan 1960-talets början har ett 70-tal massafabriker lagts ner. Samtidigt har massaindustrins årliga produktionskapacitet fördubblats

Den internationella konkurrensen har lett till att fabrikernas och maskinernas storlek har ökat. Speciellt gäller detta inom sulfatindustrin där huvuddelen av kapacitetsökningarna under senare tid har kommit till. För närvarande finns c:a 40 pappersbruk i landet, vid vilka man kan tillverka drygt 12 miljoner ton papper och papp per år.

De större fabrikerna producerar standardkvaliteter, som tidnings- och journalpapper, säckpapper m.m. i långa serier och ofta för export. Det finns också mindre enheter som tillverkar olika specialkvaliteter, främst för den svenska marknaden.

Många av dagens pappersbruk är integrerade anläggningar, dvs. deras papperstillverkning baseras på pappersmassa, som tillverkas vid det egna bruket. Under senare år har returpapper ökat i betydelse som råvara för pappersindustrin.

Lokalisering

Ursprungligen lokaliserades massa och pappersindustrier vid större vattendrag, större sjöar eller vid havet. Orsaken var dels älvarnas betydelse som flottningsleder och dels processernas stora vattenbehov. Flottningen har numera upphört och vattenbehovet har minskat drastiskt p.gr.a.

att man av miljövårdsskäl har tvingats att *sluta* processerna mer och mer. Att sluta en process innebär att vattnet renas och återanvänds. Det största miljövårdsproblem som återstår att lösa är utsläppen från de klorhaltiga blekstegen. I takt med att flottningen har minskat i betydelse har andra transportsätt fått ökad betydelse. Detta gäller främst lastbil och tåg för råvaruleveranser och båt för export av produkterna.

Ägarstruktur
Även på ägarsidan har skett strukturförändringar bolag har köp upp varandra. Genom ständiga strukturförändringar förändras ägandebilden. Enheter säljs av och bolag går samman.

En tydlig tendens är åt en mer integrerad struktur, dvs. massa- och pappersbruk finns på samma plats. Man kan också notera en ökad returpappersanvändning vid flera bruk.

Skogsindustrins bolag
Ägarstrukturen inom skogsindustrin förändras genom sammanslagningar och uppköp. Därför kan nedanstående redovisning snabbt bli inaktuell.

- **Billerud Korsnäs** är ett ledande företag inom förpackningsmaterial och lösningar som fokuserar på att erbjuda hållbara och innovativa alternativ för förpackningsindustrin[52].
- **Holmen** är ett skogsindustriföretag som är specialiserat på att producera träbaserade produkter och förnybar energi.

- **SCA Svenska Cellulosa Aktiebolaget**, är ett ledande företag inom skogsindustrin, och är Europas största privata skogsägare.
- **Essity Aktiebolag** är ett globalt hygien- och hälsobolag. Företaget tillverkar bland annat mjukpapper, mensskydd, barnblöjor samt produkter inom in-1kontinensvård, kompressionsterapi, ortopedi och sårvård. Essity var till 2017 en del av SCA.
- **Stora Enso** är resultatet från sammanslagningen av Finska Enso och svenska Stora Kopparbergs Bergslags Aktiebolag 1998. Stora Enso strävar efter att utnyttja skogens resurser för produktion och utveckling av tidnings- och bokpapper, konsumentkartonger, industriförpackningar samt olika sorters träprodukter.
- **Arctic paper** är en ledande tillverkare av högkvalitativa tryckpapper för olika ändamål. De levererar obestrukna och bestrukna papper samt specialpapper.
- **Rottneros** är en ledande producent av pappersprodukter. Företaget är specialiserat på att tillverka olika sorters pappersmassa, såsom sulfatmassa, CTMP-massa och slipmassa för avsalu. Är ett dotterbolag till Arctic Paper.
- **Södra Skogsägarna** är södra Sveriges största skogsägarförening med fler än 50 000 familjeskogsbrukare som medlemmar. Producerar trävaror, pappers- och textilmassa och grön energi och tar vara på alla delar av trädet. Har även en av Europas största sågverksrörelser.

- **Sveaskog** (tidigare Assi Domän och Domänverket), äger den största andelen av statens skogar och intar en särställning. Företaget är den största ägaren av skogsmark i Sverige och levererar virke till både andra skogsindustriföretag och egna förädlingsindustrier[53].
- **Ahlstrom-Munksjö** är ett finländskt och svenskt skogsindustriföretag som tillverkar bland annat dekorpapper, filter, releasepapper, slipbaspapper, nonwovens, elektrotekniskt isoleringspapper, glasfiber
- **Metsä Board** är ett finländskt skogsindustriföretag, producerar idag främst kartong, inklusive kraftliner.
- **Metsä Tissue** är leverantör av mjukpapper till hushåll och företag samt mat- och bakplåtspapper.
- **Tetra Pak International S.A.** är ett svenskt, multinationellt förpackningsindustribolag, grundat 1951, som tillverkar maskiner och material för engångsemballage för mjölk, juice och andra flytande livsmedel.
- **Duni AB** är ett svenskt industriföretag som tillverkar produkter för dukning och servering med tillverkning i Sverige, Tyskland och Polen.
- **Smurfit Kappa Kraftliner Piteå** är en svensk massa- och pappersfabrik i Piteå tillverkar årligen 700 000 ton oblekt och blekt kraftliner av huvudsakligen nyfiber. Företaget är Europas största tillverkare av kraftliner, och det har en exportandel på 90 procent.
- **Nordic Paper Holding Ab** är ett börsnoterat svenskt

pappersföretag med den kinesiska koncernen Anhui Shanying Paper som största ägare. Grundades som ett norskt företag genom avknoppning av Greåkers pappersbruk och Säffle sulfitfabrik från M. Peterson & Søn och Geithus pappersbruk från de norska skogsägarnas ATA Skog 2001.

8.4 Massa- och pappersframställning

Skogstillgång i Sverige

Total stående skogsvolym:

Enligt Riksskogstaxeringen (SLU) finns det idag omkring 3,6 miljarder m³sk i de svenska skogarna (levande träd).

- Barrträd (gran, tall) utgör cirka 80 procent av volymen.
- Lövträd (björk, asp, ek m.fl.) står för cirka 20 procent.
- Årlig tillväxt: Skogarna växer med ungefär 120–125 miljoner m³sk per år.
- Årlig avverkning: Den avverkade volymen ligger på cirka 90–95 miljoner m³sk per år.
- Det betyder att tillväxten är större än avverkningen, och därför ökar den totala virkesvolymen över tid.

Användning av råvaran

- **Massaved**: används till massa- och pappersproduktion (gran och lövträd dominerar).
- **Sågtimmer**: används för sågade trävaror, möbler, byggmaterial.
- **Energi**: restprodukter (flis, bark, grenar) används som biobränsle.

Långsiktig trend

- Sedan 1920-talet har Sveriges virkesförråd fördubblats.
- Orsaker: aktivt skogsbruk, återbeskogning, lagar om återplantering samt effektivisering i industrin.

I diskussioner kring hur Sverige ska minska sitt beroende av fossila råvaror är det många som ser skogen som en resurs. Det finns en risk att skogen i framtiden blir *överintecknad,* dvs.uttaget blir större än tillväxten.

Hur mycket papper ger ett träd?

Anta att vi har en stor tall. Den motsvarar ca en halv kubikmeter massaved, vilket i sin tur motsvarar ca 150 kg papper. En normalstor tall eller gran som är mellan 20 till

25 meter hög kan ha en volym på ca 0,5 kubikmeter under bark. Av ett sådant träd skulle vi kunna tillverka:

- 588 toalettpappersrullar *eller*
- 31 250 A4-papper *eller*
- 1 000 dagstidningar *eller*
- 2 500 flingpaket *eller*
- 3 300 mjölkpaket *eller*
- 1 300 papperskassar

Vi i Sverige är vana vid att alltid ha bra tillgång till papper men i större delen av världen är det inte så.

- Genomsnittsanvändningen av papper i världen är 56 kg per person och år.
- I Afrika använder man mindre än 10 kg per person.
- Nordamerikanerna är de som använder mest papper, drygt 300 kg per person och år.
- Genomsnittet för EU länderna är ca. 190 kg per person och år.
- I Kina använder man knappt 30 kg per person och år men eftersom befolkningen i Kina är så stor så är man ändå det land som förbrukar näst mest papper i världen.
- I Sverige förbrukades det ca 158 kg per person.

Papper och kartong

I Sverige tillverkas fyra olika typer av massa[54]:

- **Mekanisk massa** till tidningspapper och journalpapper samt vissa typer av kartong som till exempel vätskekartong, och hygienpapper
- **Kemisk massa** (sulfat- och sulfitmassa) ger ett star-

kare papper än mekanisk massa. Används till skriv- och tryckpapper men även till förpackningsmaterial och mjukpapper.

- **Returfiber** består av insamlat papper av olika kvaliteter, används för tillverkning av tidningspapper, mjukpapper (tissue) och vissa typer av kartong.
- **Dissolvingmassa** är en kemisk massa som utgör råmaterial till textilindustrin för tillverkning av viskos och lyocell till textilier

De olika papperssorterna kan i stort indelas på följande sätt:

- **Tidningspapper**
  Den sort som tillverkas mest är den typ av papper som används i dagstidningar.
- **Journalpapper**
  Det papper som brukar finnas i veckotidningar och liknande kallas journalpapper.
- **Finpapper**

Finpapper är ett samlingsnamn för en mångfald kvaliteter av tryck, rit, bok och broschyrpapper m.m.

- **Kraftpapper**
  Papper i säckar, påsar och andra förpackningar brukar kallas kraftpapper.
- **Wellpapp**
  Wellpapp är en viktig produkt för förpackning. Det veckade skiktet görs av ett papper som kallas *fluting*. Det plana skiktet görs av *kraftliner.*
- **Kartong**
  Kartong är ofta bestruket eller vaxat och används till livsmedelsförpackningar. Kallas även *falskartong* eller *foodboard.*
- **Mjukpapper**
  Används främst till hushålls och toalettpapper. Går även under benämningen *tissue.*

Pappersmassan indelas efter framställningsmetod i *mekanisk* och *kemisk massa.* Halvkemisk massa framställs genom en kombination av kemisk och mekanisk metod.

Mekanisk massa
Mekanisk massa framställs genom att vedfibrer friläggs genom slipning eller malning och innehåller i det närmaste samtliga beståndsdelar i den ursprungliga veden. Massan karaktäriseras av att vedfibrerna genom tillverkningsmetoden är mer eller mindre söndertrasade. Den mekaniska massan används framför allt vid tillverkning av

tidningspapper, journalpapper, kartong och vissa slag av mjukpapper.

Kemisk massa

Framställs genom att vedfibrerna löses ur veden med hjälp av olika kemikalier. Allt efter vilken kemisk metod, som används, kokningstid etc kan massans egenskaper styras. Detta ger möjlighet att framställa ett nära nog obegränsat antal massakvaliteter, som kan användas för en mängd olika slag av papper och papp. De kemiska massorna utmärker sig bl.a. genom hög styrka, hög tryckbarhet och färgbeständighet.

Returpapper

Returpapperet ger ett papper som är svagare än det papper som tillverkas direkt av träd. Det beror på att vedfibrerna blir kortare när man tillverkar papper och returpappret har ju redan gått igenom papperstillverkningen en gång. Ibland har kanske till och med samma vedfibrer varit med om att bli nytt papper flera gånger. Man brukar säga att en och samma vedfiber kan användas högst 4-5 gånger. Efter det är vedfibern så kort att den inte kan hålla ihop med andra fibrer och pappret blir väldigt skört och smuligt.

Avsvärtning

Avsvärtning har som främsta mål att ge en så ljus massa som möjligt. Det sker efter två mer eller mindre skilda principer: tvättning och flotation. En kombination av båda metoderna har börjat användas på senare år.

8.5 Pappersframställning

Vid återkombinerandet av massafibrer till ett pappersark, dvs. pappersframställning, måste pappersmaskinens olika apparatdelar utväljas med hänsyn till det önskade papperets specifikationer. Givetvis måste även hänsyn tas till val av massafibrer och förbehandling av denna inför papperstillverkningen, genom t.ex. malning, silning samt genom tillsats av olika kemikalier, färg, m.m.

Den för huvudändamålet utvalda massafibern ges en mekanisk bearbetning varvid i huvudsak bindningskraften mellan fibrerna i papperet förbättras. Den utspädda vattenfibersuspensionen formeras till ett ark på en finmaskig vira, varefter arket pressas i olika omgångar och torkas mot varma cylindrar eller genom påblåsning av varmluft. Flera av arkets mekaniska egenskaper grundläggs genom olika åtgärder under papperstillverkningen.

Bestruket papper är papper som belagts med fyllnadsmedel för att förbättra papperets tryckegenskaper. Vanliga fyllnadsmedel är pigment i form av lera eller kalk. Bestrykningen leder till en slätare och ofta även glansigare yta. Med bestykning kan man också skapa en barriär för vätskor och gaser.

8.6 Nya produkter från skogen

Ansträngningar pågår på olika håll att finna nya användningsområden för skogsråvaran. Detta handlar om att modifiera cellulosafibern så att den får nya egenskaper samt att bättre utnyttja de biprodukter som bildas vid skogsindustriella processer. Detta är också ett led i att minska tillverkningen av fossilbaserade produkter.

Nya möjligheter går under namnet **nanocellulosa**. Träets ved byggs upp av långa cellulosakedjor. Nanocellulosa är de långa fibrernas små beståndsdelar. De är tusen gånger tunnare, och med en kombination av kemisk och mekanisk behandling förvandlas cellulosan i träet till nanocellulosa.

I ett **papper av nanocellulosa** lägger sig fibrerna i ett så tätt och välordnat mönster att det får nästan samma seghet som stål. Ett sådant papper kan få helt nya användningsområden, i superstark tejp eller till och med som medicinska implantat. Man kan också få papper att bli magnetiskt[55].

Skräddarsydda förband av nanocellulosa som anpassas efter patientens individuella förutsättningar med hjälp av 3D-printning.

Energiinnehållet i svartluten vid alla pappersbruk i Sverige skulle teoretiskt kunna ersätta upp till tjugofem procent av all bensin och diesel i Sverige eller ge grön el motsvarande fem procent av elförbrukningen[56].

En hållbar textilproduktion kan uppnås genom produktion av **textilfibrer** från skogsråvara eller återvunnen biobaserad textil. Textil från massa är en växande marknadstrend i takt med att dagens produktionsmetoder av textil ifrågasätts. Det är redan idag möjligt att tillverka textilmassa och kapaciteten utökas stadigt. Ett antal producenter har gjort speciella satsningar på kläder gjorda från textilmassa[57].

Kläder tillverkade enbart i papper studeras vid Högskolan i Borås där Billingsfors bruk också deltar. Hittills har projektet resulterat i en klänning gjord av papperstextil.

Paper Bottle är en flaska fullt nedbrytbar i naturen. Det är världens första träfiberflaska som tål kolsyrad dryck.

Kolfiber utvunnen ur lignin. Framtidens högteknologiska lätta, starka och billiga material kan komma från skogen! Traditionellt har kolfiber tillverkats genom en dyr process som baserats på fossila byggstenar. Framsteg inom forskningen har gjort det möjligt att framställa kolfiber från skogsråvara.

Genomskinliga träet kan isolera värme under kallare vä-

der samtidigt som det även kan släppa ut värme om det är varmare utomhus. För att kunna lagra värme används en nedbrytbar och icke-giftig polyetylenglykol.

Forskare vid KTH och Stanford har lyckats med konstycket att utveckla tredimensionella **mjuka batterier** gjorda av skogsråvara.

Engångsmaterial i sjukvården står för en stor miljöpåverkan. Det finns därför en stor potential att introducera fler biobaserade material inom vården.

Trädens bark innehåller ämnen som kan vara intressanta inom till exempel läkemedels- och livsmedelsindustrin.

Södra Cell producerar specialcellulosa för tillverkning av textilfiber för viskostyger.

Bioraffinaderiet **Domsjö Fabriker** tillverkar specialcellulosa av barrvirke som även den används bland annat för textilfiber men också återfinns i till exempel läkemedelstabletter och som konsistensgivare i livsmedel.

Nordic Paper driver tillsammans med bioteknikföretaget Cewatech en pilotanläggning som odlar mikrosvamp av brukets sulfitlut. Den kan till exempel användas i foder för fiskodlingar för att ersätta en del av dagens fiskmjöl och minska fiskodlingens miljöbelastning.

Lignin kan användas som tillsatsmedel i betong samt bioetanol som används som köldmedium, spolarvätska, drivmedel och som tillsatsmedel inom färgindustrin.

Lignin är en underutnyttjad råvara. Det pågår just nu projekt där man använder lignin som bindemedel.

LignoCity strävar efter att göra det så enkelt som möjligt för alla att utveckla fossilfria produkter med hjälp av lignin. Lignin är en viktig resurs i utvecklingen av framtidens hållbara lösningar.

Enkelt beskrivet är lignin naturens egna klister. Det finns i alla växters cellväggar och är det som binder dess fibrer och ger styrka. Ju mer lignin desto starkare blir växten.

Man kan beskriva lignin som en klimatsmart guldgruva i utvecklingen av framtida fossilfria produkter. Skogsråvaran går till exempel att använda vid produktion av plast, drivmedel, asfalt, batterier, kolfiber, i bygg- och konstruktionsmaterial samt som brand- och UV-skydd.

Utvecklingen av **plaster gjorda av biomassa**, bland annat baserade på skogsråvara men även på grödor som majs, har under senare tid accelererat. Förutom en minskad användning av fossila råvaror innebär det i fallet med nedbrytbara plaster även ett minskat problem med plastavfall i naturen[58].

Nedanstående bild visar ett exempel på hur en del av lignin kan se ut.

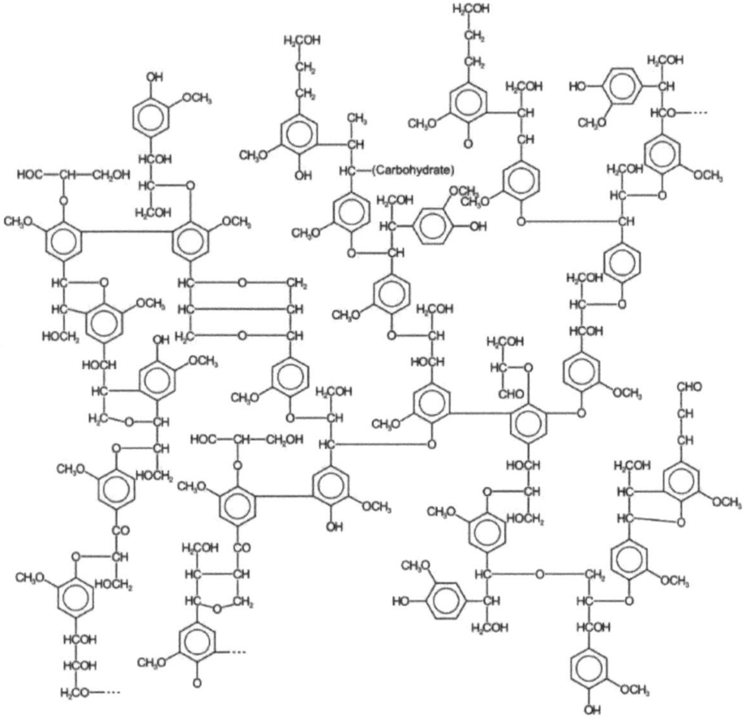

8.7 Sågverk

Sågverksindustrin i Sverige är en av de mest betydelsefulla delarna av skogsindustrin, som i sin tur är en mycket viktig basnäring för landet. Här är en översikt:

Storlek och betydelse

- Sverige är en av världens största exportörer av sågade trävaror (tillsammans med länder som Kanada, Ryssland, Finland och Tyskland).
- Runt 70–75 procent av produktionen exporteras, främst
till Europa, Nordafrika, Mellanöstern och Asien.
- Sågverksindustrin är en central arbetsgivare i många mindre orter där sågverken fungerar som nav i lokala näringslivet.

Produktion

- Det finns ungefär 120–130 större sågverk i Sverige, men även många mindre specialiserade anläggningar.
- Industrin förädlar främst gran och tall, som dominerar de svenska skogarna.
- Sågverken producerar plank, brädor och trävaror som används i byggnation, möbelproduktion och snickeri.

- Restprodukter (sågspån, flis, bark) används till pappersmassa, biobränslen och fjärrvärme, vilket gör industrin resurseffektiv.

Stora aktörer

- Några av de största bolagen är SCA, Stora Enso, Holmen, Setra Group och Vida (numera en del av Canfor, Kanada).
- De driver stora, högautomatiserade sågverk som kan producera hundratusentals kubikmeter sågat virke per år.

Trender och utmaningar

- **Klimatfrågan** gör trä allt mer attraktivt som byggmaterial eftersom det binder koldioxid och kan ersätta betong och stål.
- **Digitalisering och automation** har gjort att sågverken är högteknologiska, med avancerad scanning och optimering av stockarna.
- **Konkurrens från andra länder** och varierande efterfrågan på världsmarknaden påverkar lönsamheten.
- **Råvarutillgång** (skog) är god i Sverige, men miljö- och naturskyddsfrågor gör att balansen mellan avverkning och bevarande diskuteras mycket.

9. LIVSMEDELSINDUSTRIN

Det finns ett nära samband mellan jordbruket och livsmedelsindustrin. Cirka 70 procent av det svenska jordbrukets produkter köps in och förädlas av livsmedelsindustrin i Sverige. Jordbrukets övriga produkter används som djurfoder, exporteras eller konsumeras direkt av konsumenterna, t.ex. potatis och grönsaker.

En svensk primärproduktion med produkter till konkurrenskraftiga priser är därför av största betydelse för livsmedelsindustrin i Sverige. På samma gång är en livsmedelsindustri som expanderar, t.ex. genom ökad export av förädlade livsmedel, också en förutsättning för en ökad avsättning av jordbruksråvaror och därmed ett livskraftigt jordbruk.

Antalet jordbruksföretag i Sverige har minskat kraftigt under de senaste decennierna.

- Långsiktig trend: Färre men större gårdar
    - På 1950-talet fanns det över 200 000 jordbruksföretag i Sverige.
    - År 1990 fanns cirka 100 000 företag.
    - År 2020 hade antalet minskat till cirka 58 000 företag.
    - Trenden visar att antalet jordbruksföretag fortsätter att minska varje år.
- Orsaker till minskningen
    - Mindre gårdar läggs ner eller slås ihop till större och mer effektiva enheter.

- Många små lantbruk har svårt att vara ekonomiskt hållbara på grund av höga kostnader och låga priser på jordbruksprodukter.
- Modern teknik har gjort det möjligt att driva större gårdar med färre personer.

- Färre unga vill ta över familjejordbruk på grund av osäker framtid och hårt arbete med låg ersättning.
- Svenska lantbrukare påverkas av internationell handel, EU-regler och nationella miljö- och djurskyddskrav, vilket kan öka kostnaderna jämfört med andra länder
- Den totalt brukade åkerarealen har minskat från c.a 3,0 milj. ha 1970 till c:a 2,5 milj. ha 2020.

Framtidens jordbruk

- Fortsatt minskning av små gårdar om lönsamheten inte förbättras.
- Ökad automatisering med robotar och AI för att effektivisera produktionen.
- Fokus på hållbarhet och självförsörjning kan leda till politiska satsningar på svenskt lantbruk.

9.1 Sveriges självförsörjningsgrad

Sveriges självförsörjningsgrad varierar kraftigt beroende på vilken typ av livsmedel det handlar om. Här är en översikt över självförsörjningsgraden för olika livsmedelsgrupper:

- Livsmedel med hög självförsörjningsgrad (> 80 procent)
  - Spannmål (vete, korn, havre) – Sverige producerar mer spannmål än vad som konsumeras och exporterar en del.
  - Mjölk och mejeriprodukter – c:a 75–80

procent självförsörjning, men importen av ost har ökat.

    - Socker – Nära 100 procent tack vare den svenska sockerbetsodlingen.
    - Potatis – Hög självförsörjning, men konsumtionen har minskat över tid.
- Livsmedel med medelhög självförsörjningsgrad (50–80 procent)
    - Kött (nöt, gris, lamm, kyckling) – Cirka 55–70 procent beroende på köttslag. Importen av nötkött och kyckling är hög.
    - Ägg – Cirka 70 procent, men importen har ökat på senare år.
    - Baljväxter (ärtor, bönor) – Ökar i produktion men är fortfarande låg jämfört med importen.
    - Rotfrukter (morötter, rödbetor) – Relativt hög produktion men viss import.

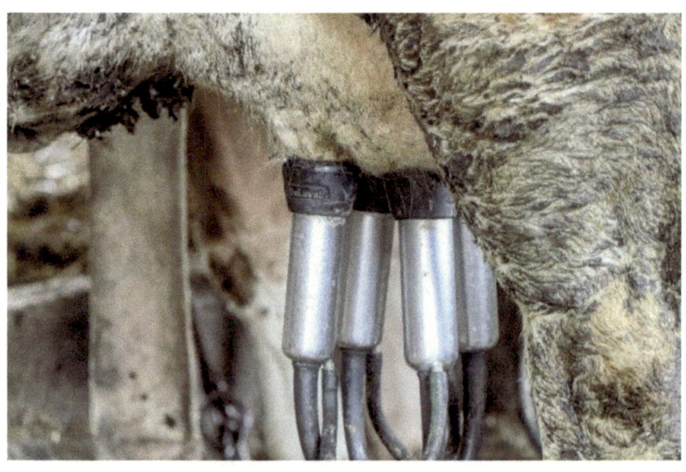

- Livsmedel med låg självförsörjningsgrad (< 50 procent)
    - Frukt – Endast 5–10 procent, beroende på sort. Äpplen är den mest odlade frukten, men vi importerar det mesta av vår frukt.
    - Grönsaker – Självförsörjningsgraden ligger på cirka 30 procent. Många grönsaker odlas i liten skala i Sverige och importeras istället.
    - Vegetabiliska oljor – Sverige producerar en del rapsolja men importerar en stor andel av annan vegetabilisk olja, som solrosolja och palmolja.
    - Fisk och skaldjur – Trots att Sverige har en lång kust och fiskenäring är självförsörjningsgraden låg. Mycket av den fisk vi äter är importerad, särskilt lax.
    - Ris och pasta – Nära 0 procent självförsörjning, eftersom ris inte kan odlas i Sverige och det mesta av pastan är importerad.
    - Kaffe, te och kakao – 0 procent eftersom dessa grödor inte odlas i Sverige.

Sverige har en relativt god självförsörjning av spannmål, mejeriprodukter och vissa köttprodukter, men är starkt beroende av import när det gäller frukt, grönsaker, vegetabiliska oljor och fisk. Om landet vill öka sin självförsörjningsgrad kan satsningar göras på exempelvis växthusproduktion, diversifiering av jordbruket och minskat importberoende av insatsvaror som gödsel och foder.

Utmaningar för självförsörjningen

Billigare importerade livsmedel gör att svenska produkter ofta har svårt att konkurrera på pris. Många svenska lantbruk har svårt att gå runt ekonomiskt på grund av höga produktionskostnader och låga ersättningar från dagligvaruhandeln. Svenska lantbrukare lyder under hårdare miljö- och djurskyddsregler än många av sina utländska konkurrenter, vilket kan påverka konkurrenskraften.

Sveriges livsmedelsproduktion är beroende av importerade insatsvaror som diesel, konstgödsel och soja för djurfoder.

Möjligheter att öka självförsörjningen

Genom att stödja svenskt lantbruk, investera i ny teknik och diversifiera produktionen kan självförsörjningen öka. Ökad användning av inhemska resurser för exempelvis gödning och foder kan stärka livsmedelsberedskapen. Om fler konsumenter väljer svenskproducerade livsmedel kan det bidra till en starkare inhemsk produktion. Staten kan genom satsningar på jordbruket och förbättrade beredskapslager bidra till ökad livsmedelstrygghet.

9.2 Företag

Antalet företag i livsmedelsindustrin uppgår idag sammanlagt till närmare 3 000 inklusive drygt 1 200 enmansföretag utan anställda. Antalet företag har ökat med närmare 20 procent under den senaste 10-årsperioden. Ökningen skedde framförallt under några år i mitten på 1990-talet. Under de senaste åren har antalet företag legat ganska stabilt kring dagens nivå.

Sveriges 10 största livsmedelsföretag utifrån antal anställda. Informationen från företagens hemsidor.

1. **AAK AB** (Aarhus United och Karlshamns AB gick samman år 2005) är specialiserade på växtbaserade oljor och fetter som är värdehöjande ingredienser i en rad populära konsumentprodukter.
2. **Scandi Standard AB** är en ledande producent av kylda, frysta och färdiga kycklingprodukter.
3. **Arla Foods AB** ägs i Sverige 2 000 mjölkbönder, har 11 mejerier och väger in 1 900 miljoner kilo mjölk varje år.
4. **Cloetta AB** har en stark position på svenska konfektyrmarknaden och erbjuder ett brett och varierat sortiment med starka varumärken inom choklad, godis, pastiller och nötter.

5. **Scan Sweden AB** är ett företaget med köttproduk-

tion och bearbetning av råvaror av hög kvalitet.

6. **Pågengruppen AB** bakar och säljer bland annat matbröd, hamburgerbröd, korvbröd, kaffebröd och skorpor.
7. **Orkla Foods Sverige AB** producerar fisk- och skaldjursinläggningar, förädlade potatisprodukter, färdigmat, frukt- och bärprodukter, inlagda grönsaker, ketchup och såser, cerealier och frukostprodukter.
8. **Gunnar Dafgård AB** tillverkar olika typer av färdigmat för en eller flera personer, bröd och bakverk till livsmedelsbutiker, och diverse grossistvaror till restauranger med flera.
9. **KLS Ugglarp** är Sveriges näst största slakteri efter Scan. Säljer nötkött från djur som är uppfödda i södra Sverige.
10. **Atria Sverige AB** lagar mat under välkända varumärken som Lönneberga, Lithells, Ridderheims och Sibylla.

Att livsmedelsindustrin finns i hela landet beror på att den mer än andra industrier är beroende av närheten till såväl producenter som konsumenterna.

9.3 Utlandsägandet ökar

Den snabba internationaliseringen under senare år har på många sätt påverkat livsmedelsindustrin. Svenska företag växer utomlands, samtidigt som utländska företag växer i Sverige och allt fler blir anställda i utlandsägda företag.

Lantbrukskooperationen har en dominerande ställning

inom mejeri-, kött-, bageri- och kvarnindustrin. Det största mejeriföretaget, Arla Foods, är dock numera utlandsägt efter samgåendet med danska MD Foods.

Utlandsägandet i livsmedelsindustrin har ökat från en relativt låg nivå före EU-medlemskapet 1995. Idag är det utländska ägandet lika högt som inom den övriga industrin. Det har skett dels genom utländska uppköp av svenska företag, dels genom att utlandsägda företag i vissa fall koncentrerat sin produktion för hela Norden till Sverige.

De utlandsägda företagen har fått en allt större betydelse inom livsmedelsindustrin i Sverige. Dessa företag svarar för drygt 35 procent av förädlingsvärdet i livsmedelsindustrin, vilket är något mindre än för övrig industri.

9.4 Matfiskuppfödning

Matfiskuppfödning (akvakultur för livsmedel) har en ganska liten men växande roll i Sverige.

Matfiskuppfödning bidrar med fisk till den svenska livsmedelsmarknaden, främst arter som regnbåge och röding. Dessa säljs både färska och förädlade.

Den vilda fiskresursen är begränsad, och odlad fisk kan minska trycket på bestånden i hav och sjöar.

Regeringen vill öka svensk livsmedelsproduktion och självförsörjningsgrad – matfiskuppfödning lyfts ofta fram som ett område med stor utvecklingspotential.

Fiskodling sker ofta i glesbygdsområden (framför allt i norra Sverige), vilket skapar arbetstillfällen lokalt.

Svensk odlad fisk har potential att konkurrera på exportmarknaden, särskilt om hållbarhetsprofilen betonas.

Sverige producerar årligen cirka 10–15 000 ton matfisk (främst regnbåge), vilket är relativt litet jämfört med länder som Norge eller Danmark.

Konsumtionen av fisk i Sverige är betydligt högre än produktionen – en stor del importeras.

Utmaningar

Fiskodling i Sverige regleras hårt och tillstånd kan vara svåra och tidskrävande att få.

Norsk lax dominerar marknaden och pressar priserna. Utveckling sker av cirkulära system med recirkulerande akvakultursystem (RAS) för att minska miljöpåverkan. Det finns en ökad efterfrågan på lokalproducerad och hållbart odlad fisk.

Intresset växer från fiskodlingsindustrin att få fram nya foderråvaror för fortsatt och hållbar tillväxt. I projektet SALMONAID var syftet att tillverka en proteinrik ingrediens till fiskfoder, baserat på sidoströmmar från skogsindustrin, som kan ersätta både fiskmjöl och sojabaserade produkter som i dag används i fiskfoder[59].

9.5 Landbaserad fiskodling

Den odlade fisk som vi äter föds vanligen upp i vattendrag, sjöar eller hav. Men en hel del fiskodling sker också på land. Den landbaserade fiskodlingen bedrivs oftast i helt eller delvis slutna vattensystem, där vattnet pumpas runt i systemet, renas och återanvänds. Dessa kallas recirkulerande system. De yngel och unga fiskar som sedan ska odlas vidare till matfisk föds så gott som alltid upp i landbaserade system. Men majoriteten av de yngel och unga fiskar som odlas i landbaserade system sätts ut i naturliga vatten för sportfiske eller bevarandeändamål. Regnbåge, öring och röding, som trivs i våra kalla svenska vatten, är de vanligaste arterna[60].

Men även arter som växer bättre i uppvärmt vatten kan med fördel odlas i recirkulerande system eftersom man då recirkulerar värmen i vattnet. Temperaturen kan med lågt energitillskott hållas runt 20 grader. Exempel på svenska arter som odlas i Sverige på detta vis är ål, stör, karp, gös, gädda och abborre. Med ökat energitillskott kan temperaturen hållas upp emot temperatur på 30 grader vilket passar för främmande arter såsom tilapia, pangasius och jätteräkor.

I Sverige produceras idag mellan 200 och 250 ton fisk i olika typer av recirkulerande anläggningar.

Fiskberedningsindustrin

Produktionsvolym och bearbetning

- Svenska fiskare landar cirka 170 000 ton fisk per

år, inklusive både vildfångad och odlad/ importerad fisk. Efter avdrag för export och fisk som används som foder återstår cirka 115 000 ton till matproduktion. Av detta går drygt 100 000 ton till förädling som till exempel filé.

- Av dessa, omvandlas endast omkring 40 000 ton till filéer (framförallt torsk, lax och sill), medan cirka 60 000 ton hanteras som biprodukter—används till exempel till minkfoder, fiskmjöl och fiskolja.
- En studie baserad på intervjuer med förädlingsföretag uppskattar att omkring 30 000 ton fisk- och skaldjursbiprodukter genereras årligen inom svensk fiskberedningsindustri. Det rör främst pelagisk fisk (t.ex. sill) och vitfisk (t.ex. torsk).

Sammanställning: Översikt

Parameter	Uppskattat värde per år
Total fångst (landad fisk)	ca 170 000 ton
Till matproduktion (efter reduktion)	ca 115 000 ton
Till förädling	ca 100 000 ton
Av detta till filé	ca 40 000 ton

10 SPECIAL- OCH FINKEMIKALIER

Med finkemikalier avses som tidigare nämnts, kemiska substanser (alltså inga blandningar) och tillverkarna måste konkurrera med kvalitet (renhet) och pris. Denna produktgrupp kallas också specificationskemikalier och säljs med kvalitetsspecification. (Se även kap. 1.12)

Specialkemikalier tillverkas också i begränsade volymer. Utmärkande för denna grupp är att de skall fylla en funktion i något annat sammanhang, t.ex. inom en verkstadsindustri. Ibland kallas de också hjälpkemikalier. De behöver inte vara enstaka kemiska substanser utan vara blandningar, kompositioner.

Inom Sverige finns en lång rad framstående företag som tillverkar denna typ av kemikalier. Konkurrensen på världsmarknaden är dock hård, vilket tvingat svensk industri att göra koncentrerade satsningar på vissa smala segment.

Ett sätt att konkurrera bättre kan vara att utgå från en egen fördelaktig råvarubas och bygga upp ett integrerat produktprogram. Ett exempel är **Akzo Nobel Pulp and Performance Chemicals AB**, som har utvecklat en teknologi baserad på bensylklorid. Klor från klor/alkaliproduktionen är ett överskott och programmet omfattar bensylklorid och bensylalkohol och kan förgrenas till en lång rad mellanprodukter för bl.a. läkemedelskemikalier och agrokemikalier. Produktionen är dock förlagd till Holland.

10.1 Agrokemikalier

Swedish Match utvecklar, tillverkar och säljer kvalitetsprodukter under marknadsledande varumärken inom produktsegmenten rökfria produkter, cigarrer och tändprodukter.

KenoGard har skaffat sig en ledande ställning när det gäller betningsmedel mot svampsjukdomar på utsäde. En serie kvicksilverfria betningsmedel har utvecklats baserade på acetater av guaniderade aminer.

AAK är specialiserat på växtbaserade oljor som är värdehöjande ingredienser i en rad populära konsumentprodukter. Man gör dessa produkter godare, hälsosammare och mer hållbara.

10.2 Papperskemikalier

BIM Kemi AB utvecklar, tillverkar och marknadsför specialkemikalier för pappers- och massaindustrin, baserade på ytkemi och dispersionsteknologi. Produktprogrammet består av funktions- och processkemikalier för bl a avluftning/skumdämpning, harts, inkruster, vattenrening, mäldhydrofobering, ytbehandling, sträckkontroll, dammreduktion, tryckbarhet och dimensionsstabilitet.

Akzo Nobel Pulp and Performance Chemicals AB är tidigare känt under namnet **Eka Chemicals AB**. Det är en affärsenhet inom kemi- och specialkemikaliekoncernen **AkzoNobel**, som fokuserar på kemiska lösningar för massa- och pappersindustrin samt andra industrisegment.

AB Stadex i Malmö tillverkar stärkelsederivat, bl.a. för mäldlimning, ytlimning och bestrykning.

Akzo Nobel Rexolin AB tillverkar organiska komplexbildare typ NTA, EDTA, DTPA, HEDTA, metallkelater, mikronäringsämnen och kaustik ammoniak.

Arizona Chemical är den ledande producenten i Europa av tallharts och tallfettsyra. Produktionen är baserad på rå tallolja, en biprodukt från sulfatmassatillverkning.

10.3 Vattenrening

Fällningskemikalier kan delas in kloridbaserade och sulfatbaserade. De sulfatbaserade fällningskemikalierna aluminiumsulfat och järnsulfat tillverkas vanligtvis från aluminiumhydroxid och svavelsyra samt ilmenit (mineral med sammansättningen $FeTiO_3$) och svavelsyra.

Feralco är Europas näst största producent av prestandakemikalier för vattenrening och levererar dricksvatten till över **100 miljoner människor**.

Kemira Kemi AB är den svenska delen av den globala Kemira-koncernen, specialiserad på tillverkning av oorganiska baskemikalier för vattenintensiva industrier som massa & papper, vattenrening och energi.

10.4 Verkstadskemikalier

Inom verkstadsindustrin förekommer kemikalier i stor

omfattning, bl.a. för ytbehandling, rostskydd och som hjälpmedel vid skärande bearbetning. Skärvätskor ska minska friktionen mellan verktyg och arbetsstycke, verka kylande och skydda mot korrosion. Skärvätskor kan indelas i *skäroljor*, som består av mineraloljor med kemiska tillsatser, *emulsioner*, bestående av mineralolja (med kemiska tillsatser) emulgerad i vatten samt *syntetiska skärvätskor*.

Perstorp AB grundat 1881 i närheten av Perstorp, Skåne, ursprungligen som *Stensmölla Kemiska Tekniska Industri*. Utvecklades snart till Skånska Ättiksfabriken och blev senare Sveriges första plasttillverkare på 1910–20-talen. Fokus på specialkemikalier — framför allt organiska syror, polyoler, oxo- och coatingintermediärer — som används i plaster, hartser, färg, smörjmedel, avisningsprodukter och djurfoder

10.5 Tillsatsmedel i plast

Som tillsatsmedel i plast används, fyllnadsmedel, mjukgörare, flamskydd, slagseghetstillsatser, UV-stabilisatorer, fungicider, antistattillsatser m.m.

Plast kan innehålla olika tillsatsämnen, varav en del kan vara farliga för hälsa eller miljö och göra plasten olämplig att återvinna. Vissa ämnen kan påverka kroppens hormonsystem och ge skadliga effekter. Mjukgörande ämnen tillsätts i plasten för att göra den mjukare, mer flexibel och slagtålig. Det finns ett flertal mjukgörare på marknaden och nya typer ersätter i dag äldre ämnen som hade högre påverkan på miljö och hälsa.

Forskare vid Danmarks Tekniska Universitet har i en ny studie kartlagt kemikalier som kan förekomma i plast. Deras databas kan nu användas som underlag för framtida arbete med säker plast i en cirkulär ekonomi[61].

10.6 Tvättmedelstillsatser

Huvudbeståndsdelen i tvättmedel är tensider och det är dessa ytaktiva ämnen, som gör det mesta av tvättarbetet. Men dessutom ingår i tvättmedel en hel del andra kemiska produkter såsom komplexbildare, korrosionsskyddande medel, blekmedel, enzymer och optiska vitmedel.

Ett företag inom yt- och kolloidkemi är **Akzo Nobel** med ett omfattande program på tensidområdet.

En tensidmolekyl består av en hydrofob och hydrofil del och är aktiv i ett polärt eller opolärt system beroende på utseendet. Den hydrofoba delen är i allmänhet en opolär grupp, en kolväteradikal. Denna innehåller 820 kolatomer i en rak eller grenad kedja. I vissa fall kan några kolatomer vara ersatta med en bensenring.

Den hydrofila karaktären hos dessa funktionella grupper är större för joniska än för nonjoniska. Tensider benämns efter den hydrofila delens laddning i en vattenlösning.

Akzo Nobel Pulp and Performance Chemicals AB har i Bohus tillverkning av olika tvättmedelsråvaror, t.ex. silikater och natriumperborat.

Akzo Nobel Rexolin är ett kemivarumärke som tidigare ägdes av Akzo Nobel och användes för specifika kemikalieprodukter, särskilt kelatkomplex och mikronäringspreparat.

Talloljeprodukter

Tallolja är en förnyelsebar råvara som kommer från tallens kådämnen. Vid framställning av sulfatmassa avskiljs dessa kådämnen som en biprodukt. Två procent av vedråvaran utvinns som tallolja. Genom tillsats av speciella kemikalier kan talloljeutbytet ökas, vilket ger ekonomiska och miljömässiga fördelar. All talloljeförädling är i Sverige koncentrerad till **Arizona Chemicals.**

11 METALLER

De flesta metaller utvinns ur malmer med låga metallhalter, på grund av att de rikare malmerna tagit slut. Som exempel kan nämnas koppar där malmen i den största gruvan i Sverige, Aitik, innehåller 0,4 procent koppar. Några malmer finns fortfarande i högre halter. Här kan nämnas järn, aluminium, magnesium, natrium och kalcium.

11.1 Järn och stål

Järn och stålbranschen har under senare tid genomgått stora strukturförändringar med sammanslagning av redan förut stora företag och nedläggning av många små järnverk. I Sverige finns sålunda för handelsstål SSAB (Svenskt Stål AB) ensamt kvar med den största produktionen i Luleå, där den största masugnen finns med en produktion av en miljon ton per år. Sveriges stålproduktion ligger i storleksordningen 4 miljon ton per år. Ungefär en tredjedel är legerat stål, som är en viktig exportvara.

Anläggningar

- Tre malmbaserade järn- och stålverk.
- Elva skrotbaserade stålverk.

- Ett femtontal anläggningar för bearbetning

Produktion

- Råstålsproduktion 2023: 4,3 Mton (världsproduktion: 1 850 Mton).
- Hög andel specialstål. Legerade stål utgjorde 55 procent av produktionen 2023.
- Mycket nischorienterad produktion med allt större fokus på stål som ger miljöfördelar ur ett livscykelperspektiv.
- En tredjedel av råstålsproduktionen är skrotbaserad och två tredjedelar av den är malmbaserad.
- Producerar även cirka 2 Mton restprodukter (2018) varav 78 procent används internt eller säljs och 22 procent deponeras.

Utrikeshandel

- Det mesta av de tillverkade stålprodukterna exporteras.
- Exportvärde 2023: 68,1 miljarder kronor.
- Exportvolym 2023: 2,9 Mton.
- Exporten av stål 2023 gick till 148 länder. Drygt 70 procent gick till EU samt Storbritannien.
- Största delen av insatsvarorna är svenska, till exempel järnmalm, skrot, el och kalk.
- Koks och legeringsämnen samt olja och naturgas importeras.

Energi

- Energianvändning 2021: 20 TWh.

- Elanvändning 2021: 3,6 TWh.
- Säljer årligen cirka 2 TWh energi i form av processgaser, el och fjärrvärme.

Grundreaktionen i en masugn är reduktion av järnoxid med koloxid. Masugnen kan betraktas som en kombination av gasgenerator, reduktionsugn, värmeväxlare och smältugn.

Stål

I Sverige finns två olika sätt att producera stål. Processerna skiljer sig åt beroende på vilken råvara som används – *råjärn* (som tillverkas av järnmalm) eller *skrot*.

- **Malmbaserad tillverkning**
  Vid malmbaserad tillverkning framställs stål huvudsakligen av råjärn. Kolhalten reduceras genom färskning med syrgas i en LD-konverter.
- **Skrotbaserad ståltillverkning**
  Vid skrotbaserad tillverkning används i huvudsak ljusbågsugnar för smältningen av stålskrotet, vilket kräver el-energi.

Stål är Världens mest återvunna material och det kan återvinnas om och om igen utan att det förlorar sina egenskaper. På grund av sin hållbarhet har stålprodukter en lång livslängd och kan ofta återvinnas och användas i andra tillämpningar, vilket sparar på resurser[62].

HYBRIT

Med HYBRIT-projektet siktar LKAB, tillsammans med

SSAB och Vattenfall, på att revolutionera industrin genom att byta ut fossilbaserad teknik mot en vätgasbaserad process för järn- och stålproduktion. Projektet har fått stöd från EU:s innovationsfond, CINEA[63].

Målet med HYBRIT-projektet är att minska koldioxidutsläppen från järn- och stålindustrin genom att skapa en fossilfri värdekedja, från järnmalm till stål, där vätgas producerad av ren energi används, istället för kol och koks. Det här är ett viktigt steg för att nå målen uppsatta i EU:s vätgasstrategi och europeisk klimatneutralitet till 2050.

Idag står råjärnsproduktion i koleldade masugnar, följt av ståltillverkning med syreomvandlare, för 95 procent av den globala stålproduktionen från järnmalm. Den här metoden ger ett högkvalitativt och höghållfast stål, men även en toppmodern masugnsprocess generar cirka 1,6 ton CO_{2ekv} för varje ton råstål producerat (det globala genomsnittet är cirka 2,2 ton CO_{2ekv} per ton råstål).

HYBRIT-teknologin har potentialen att ersätta den traditionella masugnsmetoden, med kol och koks, med fossilfri, vätgasbaserad direktreduktion. Målet med demonstrationsprojektet är att i ett första steg utveckla en värdekedja för 1,2 miljoner ton råstål årligen. Det utgör 25 procent av Sveriges stålproduktion och skulle kunna resultera i minskade utsläpp av växthusgaser om 1,43 miljoner ton CO_{2ekv} under de första tio åren av produktion.

Ett frågetecken inför framtiden: Hur kommer tillräckligt

med vätgas att kunna produceras utan att utsläppen av växthusgaser ökar?

11.2 Aluminium

Aluminium framställs huvudsakligen ur bauxit, vilket bildas när vissa aluminiumhaltiga bergarter vittrar under tropiska förhållanden. Jordskorpans halt av aluminium är ca 8 procent. Brytvärd bauxit innehåller vanligen 20-30 procent aluminium.

Bauxit förekommer vanligen som en lättbruten jordart, men kan även bilda fast berg. Färgen är ofta rödaktig på grund av innehållet av järnoxid.

De viktigaste bauxitförekomsterna finns i tropiska eller subtropiska områden i Latinamerika, Väst och Centralafrika. I Sverige finns ingen bauxit.

Världens kända tillgångar på brytvärd bauxit är ca 25 miljarder ton. Troligen finns ytterligare bauxitreserver. Någon risk för dålig aluminiumförsörjning på grund av råvarubrist finns därför ej.

Industriländerna, som är stora aluminiumkonsumenter, saknar bauxittillgångar. Trots att bauxiten räcker länge har man i dessa länder börjat intresserat sig för andra råvaror än bauxit. Aluminiumrika bergarter och leror finns i stora mängder och utgör framtida komplement till bauxiten. Aluminiuminnehållet i dessa råvaror kan dock inte utvinnas med samma process som tillämpas för bauxit.

11.3 Koppar, bly, guld, silver, zink m.m.

Boliden Mineral driver ett 15-tal gruvor och fyra anrikningsverk i norra och mellersta Sverige samt smältverket Rönnskärsverken i Skelleftehamn. Rönnskärsverken togs i drift 1930 och är Sveriges enda smältverk för framställning av metaller (koppar, bly, guld, silver m.fl.) och kemikalier (svavelsyra, flytande svaveldioxid, selen m.fl.) ur den typ av komplexa råvaror, som kommer från Boliden egna gruvor.

Koppar

För att utnyttja processkapaciteten på bästa sätt bäddas (blandas) smältmaterialet. I materialblandningen ingår sliger, metallaskor, slagger och krossade mellanprodukter. Dessutom inblandas slaggbildare, huvudsakligen sand. I virvelbäddsugnen sker **rostningen** vid 600-700°C utan extern värmetillförsel utan den värme som frigörs vid förbränningen av svavlet. Det färdigrostade godset följer med gaserna ut ur ugnen, avskiljs i en cyklon och transporteras på slutna transportörer till kopparsmältugnen.

Bly

Vid blyframställning upparbetas sligerna i blykardoverket till råbly, som sedan transporteras till raffineringsavdelningen, där slutlig rening sker. Blykardoverket används också för bränning och smältning av plastisolerat kopparskrot.

Silver

Slammet från kopparelektrolysverket innehåller föroreningar i form av koppar, bly, nickel, selen, tellur m.fl. Dessa avlägsnas genom lakning samt i slagg och stoft efter smältprocessen. Därefter återstår ett sk. anodsilver med ca 96 procent silver och 3 procent guld och platinametaller. Detta renas genom elektrolys till en halt av ca 99,99 procent silver och sälj som granuler.

Guld

Guldet och platinametallerna samlas under silverelektrolysen upp som ett slam, som tvättas och löses upp. Lösningen filtreras, varefter guldet fälls ut med en kemikalietillsats. Den erhållna guldfällningen tvättas och torkas, innan den smälts för att gjutas upp i tackor. Renheten är minst 99,99 procent.

Platina
Platinametallerna fälls ur kvarvarande lösning med en kemikalie. Ett slam erhålls, som i första hand innehåller platina och palladium. Slammet torkas och säljs i pulverform för raffinering till rena metaller.

Tellur
Tellur lakas ut ur elektrolysverkets slam, fälls med kopparpulver till koppartellurid, filtreras och säljs för vidare raffinering till ren metall.

Selen
Råselenet från ädelmetallverket smälts och raffineras till standardselen, som innehåller 99,9 procent.

12 LÄKEMEDELSINDUSTRIN

Utvecklingen av ett nytt orginalläkemedel är en mycket komplicerad och tidsödande process. Det krävs nära samarbete mellan specialister inom kemi, toxikologi, biologi och medicin. Det tar numera i regel mellan 10 och 15 år att lotsa fram en produktidé till färdig produkt och det till en kostnad av mer än 2 miljarder kronor och detta belopp tenderar att stiga. Antalet substanser som inte klarar utprovningarna är mycket stort.

- Den största delen av läkemedelsföretagens försäljning under 2023 utgjordes av läkemedel för tumörer och rubbningar i immunsystemet.
- Den näst största gruppen var läkemedel för sjukdomar i centrala nervsystemet.
- Den tredje största gruppen var läkemedel för blod och blodbildande organ.

I den industriella tillverkningen av läkemedel kan man urskilja två led. Först har vi ett ofta komplicerat kemiskt syntesarbete för att få fram den aktiva substansen, som ska ge en avsedd effekt. Sedan gäller det att slutframställa det kompletta läkemedlet. Detta ska innehålla dels det aktiva ämnet, dels andra substanser som gör att det aktiva ämnet får god lagringsstabilitet, lätt kan tillföras kroppen och smidigt distribueras till den del där det ska verka under så lång tid som möjligt. Utmärkande för läkemedelsindustrin är att använd teknik i regel är enkel och billig att tillämpa när den väl är slutgiltigt framtagen, samtidigt som höga krav ställs på renhet.

Läkemedelsindustrin har haft starkt stöd av den medicinska forskningen i Sverige som i stor utsträckning finansierats av svenska staten. Industrin har etablerat nära och fruktbart samarbete med universitetsforskare även utanför det medicinska området, t.ex. för det organiskt syntesarbete. Läkemedelsföretagen har under 1970 och 1980-talen byggt upp särskilda forskningscentrum i de viktigaste universitetsstäderna i landet. **Astra** har byggt upp ett särskilt biotekniskt forskningscentrum i Indien. Ett nära samarbete mellan universitetet och industri ligger bakom många av de lyckade satsningarna.

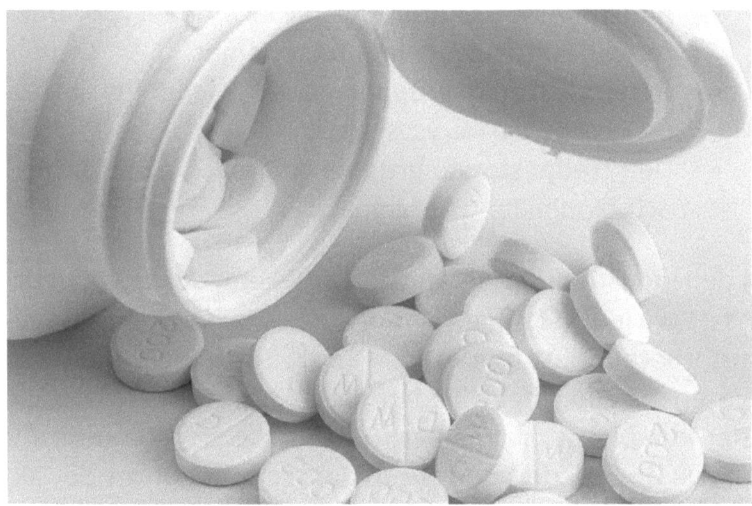

På den svenska läkemedelsmarknaden finns såväl svenska som utländska företag. De svenska inslagen utgörs av företag inom **Astrakoncernen** och **Ferring AB** samt ett 10-tal mindre läkemedelsföretag. **Pharmaciakoncernen** kan efter samgåendet med **Upjohn** betraktas som ett globalt läkemedelsföretag, men med stark förankring i den svenska forskningsmiljön.

Inom läkemedelsindustrin och angränsande industrier har viktiga insatser gjorts för framställning av mänskliga reservdelar, t.ex. ögonlinser och tandimplantat för att enkelt fixera tänder till käkbenet. Arbetet att finna lämpliga distributionssystem av läkemedel in i kroppen har bl.a. lett till en effektiv metod för att dosera astmamedicin med en s.k. turboinhalator, som den sjuke själv kan hantera.

Stor uppmärksamhet har under senare år ägnats den moderna biotekniken. Framför allt har förhoppningar knutits till det som kallas *den nya biotekniken* eller gentekniken. Denna möjliggör bl.a. omprogrammering av växt- och djurcellers arvsmassa. Cellerna kan därigenom fås att producera nya ämnen som kan användas industriellt för tillverkning av t.ex. läkemedel eller livsmedel.

Konventionell bioteknik, t.ex. i form av olika jäsningsprocesser för tillverkning av alkohol, öl, bröd eller penicillin, har haft industriell tillämpning i Sverige. Den nya biotekniken däremot har hittills fått en begränsad industriell användning. Ett framgångsrikt exempel är dock tillverkning av **Genotropin**, ett läkemedel som innehåller mänskligt tillväxthormon producerat av gentekniskt modifierade bakterier. medlet som används för att behandla kortvuxenhet har blivit den största vinstgeneratorn inom **KabiPharmacia**[64].

12.1 Företagen

AstraZeneca Södertälje

AstraZeneca Södertälje är en av världens största tillverkningsenhet för läkemedel. På AstraZeneca i Södertälje arbetar cirka 4 800 medarbetare.

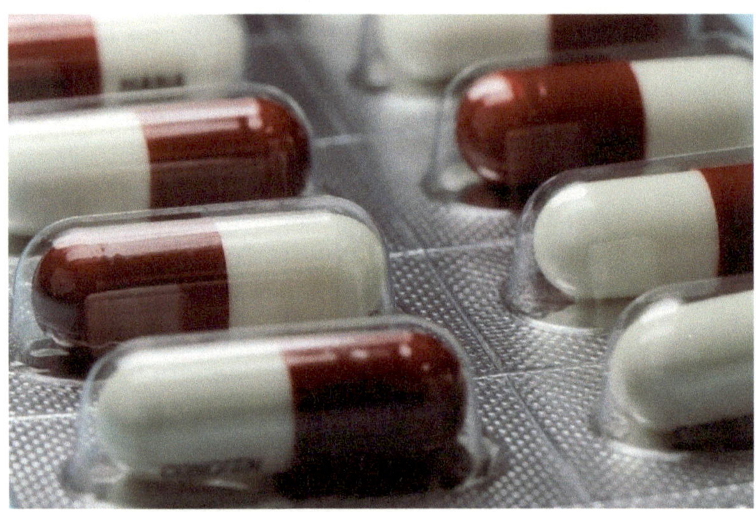

AstraZeneca Göteborg

AstraZeneca Göteborg är en global forskningsanläggning, där läkemedelsutveckling sker från idé till produkt. Ungefär 2 400 medarbetare jobbar här. Av dessa är 600 disputerade, närmare 350 är utländska forskare och 30 av dem är professorer. Tillsammans utgör de navet för AstraZenecas forskning i Sverige.

12.2 Forskningsområden

- **Andningsvägar och Immunologi**

  Sjukdomar i andningsvägarna är en stor börda, både för patienter och för samhället.

Uppskattningsvis 600 miljoner människor lider av astma eller KOL. Enligt Världshälsoorganisationen (WHO) lider ca 70 procent av alla personer med astma också av allergier. Det finns flera typer av allergisk astma. Vilka symptom man har beror på själva orsaken till allergin. Förutom allergener kan symtom av astma utlösas av irriterande partiklar i luften eller en luftvägsinfektion, men även av motion och vissa mediciner. Astmasymtom kan ofta hanteras med hjälp av medicinering, som tillfälligt lindrar symtomen.

I 40 år har AstraZeneca flyttat fram gränserna för forskningen inom sjukdomar i andningsvägarna och de har i årtionden tagit fram läkemedel som hjälper patienter med dessa sjukdomar. Den senaste utvecklingen kring förståelsen av sjukdomar i andningsvägarna gör att man är på väg in en tid som kan möjliggöra vetenskapliga genombrott som förhoppningsvis kan leda till att vi kan hjälpa personer med astma och KOL på ett bättre sätt.

- **Cancer**

  Att bekämpa cancer kräver innovativ forskning. Trots att forskning och utveckling fortsätter att öka förståelsen av och vår kamp mot cancer, är det fortfarande människor som mister livet varje år i sjukdomen.

  AstraZeneca fokuserar på cancerforskningen för att kunna erbjuda läkemedel som förändrar liv, till de patienter som bäst behöver dem. De har en produktportfölj med cancerläkemedel som är kombinationsinriktad, den utnyttjar olika vetenskapliga plattformar för att tillgodose det medicinska behovet inom en mängd olika cancerformer. Det som driver dem är ambitionen att via forskning och samarbete nå dagen då cancer som dödsorsak är historia.

- **Kardiovaskulära, njur- och metabola sjukdomar**
  AstraZeneca har ambitionen att bryta det kon-ventionella tankesättet inom behandlingen av hjärt- och kärlsjukdomar och metabola sjukdomar.

  Kardiovaskulära, njur- och metabola sjukdomar orsakar uppemot 20 miljoner dödsfall i världen varje år. Trots att dessa tre sjukdomsområden kan vara sammankopplade, är det inte alltid man diagnostiserar och behandlar de gemensamma riskfaktorerna.

Terapiområden för kliniska läkemedelsprövningar 2018[65]

	Startade	Pågående
Tumörer och rubbningar i immunsystemet	42%	50%
Hjärta och kretslopp	12%	11%
Matsmältning och ämnesomsättning	8%	
Blod och blodbildande organ	8%	8%
Nervsystemet	8%	7%
Infektionssjukdomar	6%	
Övriga	16%	24%

13. FÖRKORTNINGAR OCH ORDFÖRKLARINGAR

Alkylering	En reaktion där en alkylgrupp förs över från en molekyl till en annan.
AOX	Ett mått på organiskt bundna halogener i miljön, som kan vara miljöfarliga och långlivade.
Beck	Är en mycket trögflytande vätska. Beck förekommer naturligt men blir även bottensatsen vid destillation av organiska ämnen som tjära eller petroleum. När becket kommer från petroleum kallas det bitumen.
Bitumen	Se beck!
Bunkerolja	Annat namn på tjock brännolja. Är samlingsnamn för de restbränslen som blir över när destillatbränslen har utvunnits ur råolja.
CCS	Avskiljning och lagring av koldioxid.
CCU	Innebär att man utnyttjar infångad koldioxid som råvara i någon efterföljande produktion.
Chlorpyrifos	Klorpyrifos användes i cirka 100 länder runt om i världen för att bekämpa insekter i jordbruks-, bostads- och kommersiella miljöer.
Cocillana	Hostmedicin
DTPA	Dietylentriaminpentaättiksyra
EDTA	Etylendiamintetraättiksyra
EPA	U.S. Environmental Protection Agency

Drill baby drill	Slagordet uttryckte stöd för ökad borrning efter petroleum och gas som ytterligare energikällor och fick ytterligare framträdande plats efter att det använts av republikaner.
Fungicider	Kallas ämnen som är giftiga för svampar. Ordet används framför allt om de bekämpningsmedel som används för att skydda till exempel jordbruksgrödor mot svampangrepp.
Färskning	Är den process inom järnmetallurgin vid vilken kolhalten i tackjärn sänks till de nivåer som gör järnet smidbart. Genom oxidation tar man bort kol för att få järnet smidigare.
HEDTA	Hydroxietyletylendiamintriättiksyra är en trikarboxylsyra och amin.
IKEM	IKEM är bransch- och arbetsgivarorganisationen för företag inom kemi, läkemedel, plast och raffinaderi.
IRISS	IRISS är det internationella ekosystemet för att påskynda övergången till material, produkter och processer med säker och hållbar design.
Kardiovaskulär	Hjärt- och kärlsjukdomar eller kardiovaskulära sjukdomar är ett samlingsbegrepp som rör sådana sjukdomar som drabbar cirkulationsorganen hjärtat eller blodkärl

Katalytisk reformering	Katalytisk reformering är en kemisk process som används på raffinaderier för att omvandla destillerad nafta från råolja (normalt med låg oktan) till högoktaniga flytande produkter.
Kelater	Ett kelat eller kelatkomplex är ett komplex där centralatomen, vanligen en metalljon, är bunden med minst två koordinationsbindningar till minst en av liganderna.
KOL	Kroniskt obstruktiv lungsjukdom
LKAB	Luossavaara-Kiirunavaara Aktiebolag
LignoCity	LignoCity är en öppen test- och utvecklingsmiljö söder om Kristinehamn i Värmland
LPG	Liquefied Petroleum Gas
MDF	Medium Density Fiberboard
MPG	MPG tar fram effektiva lösningar för lagring av råvaror som krävs i biogasproduktion.
MRI	Magnetresonanstomografi är en medicinsk teknik för bildgivande diagnostik med en magnetresonanstomograf.
Nanomaterial	Nanomaterial är ämnen i ytterst liten storlek. Nanostorleken ger ofta ämnet andra egenskaper än större former av samma ämne.
Nanocellulosa	Nanocellulosa är en term som hänvisar till en familj av celliulosahaltiga

	material som har minst en av sina dimensioner i nanoskalan.
PEG	Polyetylenglykol
Persistent	Används för att beskriva något som är beständigt.
PFAS	Per- och polyfluorerade alkylsubstanser
Piperazin	Piperazin är en cyklisk kolväteförening som består av en ring med fyra kolatomer och två kväveatomer.
Polyol	Polyoler, även kända som sockeralkoholer, är en grupp organiska föreningar som används som sötningsmedel och fuktgivare i olika livsmedel och produkter.
PVC	Polyvinylklorid
Pyrolys	Även torrdestillation är en process där ett ämne upphettas till en hög temperatur, vanligtvis omkring 500-1000°C, i en syrefri miljö, så att det sönderfaller utan att förbränning sker.
Reduktionsplikten	Reduktionsplikten syftar till att minska växthusgasutsläpp från fossila drivmedel. Det sker idag vanligtvis genom inblandning av biodrivmedel.
RME	Används idag som drivmedel. Är ett förnybart dieselalternativ som blandas in i de flesta dieselbränslen.
SKGS	Står för Skogen, Kemin, Gruvorna och

	Stålet och är ett samarbete mellan de olika branschorganisationerna.
Skogskubikmeter	Hela stammens volym från stubbskäret, inklusive bark och topp. Grenarna räknas dock inte in.
Slig	Är ett finkornigt koncentrat av malm.
SMR	Är små kärnkraftverk med utvecklad reaktorkonstruktion och större flexibilitet när det gäller att möta efterfrågan.
SSAB	Tdigare Svenskt Stål AB.
Suppositorier	Stolpiller
Tensider	Är ett ämne som består av två delar; ett hydrofilt huvud och en hydrofob svans.
Termisk krackning	Är en process där långa kolväten bryts ned till mindre kolväten med hjälp av höga temperaturer och högt tryck
Termoplastisk	Är plaster uppbyggda av linjära eller förgrenade polymerer som hålls ihop med hjälp av intermolekylära bindningar (van der Waals-bindningar, vätebindningar, dipolbindningar och jonbindningar). Termoplaster kan smältas utan att den kemiska strukturen bryts ned.
Terpener	Är en mycket stor grupp av de kolväteföreningar som är de dominerande beståndsdelarna i eteriska oljor och andra naturprodukter.

13 REFERENSER

[1] https://www.ikem.se/nyheter/2022/fakta-om-den-europeiska-kemiindustrin/

[2] https://www.ekonomifakta.se/sakomraden/makroekonomi/produktion-och-investeringar/industriproduktion_1213132.html

[3] https://www.skgs.org/om-basindustrin/kemin/

[4] https://www.skgs.org/om-basindustrin/kemin/

[5] http://www.fhplastics.se/

[6]https://tillvaxtverket.se/tillvaxtverket/statistikochanalys/trenderochanalyser/trenderochanalyser/trendersompaverkarindustriforetag.3655.html

[7]https://www.bing.com/search?q=Sveriges+st%C3%B6rsta+koldioxid-utsl%C3%A4ppare+2024&cvid=bdb2dc463c004842a5f97704c3766668&gs_lcrp=EgRlZGdlKgYIABBFGDsyBggAEEUYOzIGCAEQABhAMgYIAhAAGEAyBggDEAAYQDIGCAQQABhAMgYIBRAAGEAyBggGEAAYQDIGCAcQABhA0gEINjExMGowajmoAgiwAgE&FORM=ANAB01&adppc=EDGEESS&PC=SCOOBE

[8] https://fossilfrittsverige.se/fardplaner/

[9] https://www.regeringen.se/artiklar/2017/06/det-klimatpolitiska-ramverket/

[10] Kemikalieinspektionen: Kemikalier och klimat. Synergier och målkonflikter mellan miljömålen Giftfri miljö och Begränsad klimatpåverkan

[11] https://www.naturvardsverket.se/data-och-statistik/klimat/vaxthusgaser-utslapp-fran-industrin/
[12] https://www.naturskyddsforeningen.se/artiklar/vad-ar-pfas/
[13] https://www.kemi.se/hallbarhet/amnen-och-material/pfas#h-Miljorisker
[14] https://www.naturskyddsforeningen.se/artiklar/vad-ar-pfas/
[15] https://www.klimatanpassning.se/hur-samhallet-paverkas/vard-och-halsa/kemikalier-i-ett-forandrat-klimat-1.197755
[16] https://sv.wikipedia.org/wiki/Utsl%C3%A4ppshandel#:~:text=Denna%20f%C3%B6rs%C3%A4ljning%20av%20r%C3%A4tter%20kallas%20handel%20med%20utsl%C3%A4ppsr%C3%A4tter.,blir%20bel%C3%B6nade%20f%C3%B6r%20att%20de%20minskat%20sina%20utsl%C3%A4pp.
[17]https://pxexternal.energimyndigheten.se/pxweb/sv/Energimyndighetens_statistikdatabas/Energimyndighetens_statistikdatabas__Officiell_energistatistik__Arlig_energibalans__Total_tillforsel_och_total_anvandning_av_energi/EN0202_1.px/table/tableViewLayout2/
[18] https://www.scb.se/contentassets/c837d2ceb9fc44fab501cb316295c181/en0113_do_2009.pdf
[19] Statens energimyndighet: FOKUS III - Energiintensiv industri. Temarapport ER 2010:03

[20] https://www.ekonomifakta.se/sakomraden/el-fakta/energianvandning/energianvandning-per-delsektor_1211774.html

[21] https://www.naturskyddsforeningen.se/faktablad/framtidens-energi/

[22] https://www.ekonomifakta.se/sakomraden/el-fakta/energibehov/elbehov_1211736.html?utm_source=bing&utm_medium=cpc&utm_campaign=%5BSZ%5D%20Elfakta%20-%20S%C3%B6k%20-%20Elbehov&utm_id=21493029114&msclkid=8681a635b0911cb72ed0c10ec54cc90f&utm_term=framtida%20elbehov&utm_content=Elbehov%20%2B%20Framtid

[23] https://www.naturskyddsforeningen.se/faktablad/framtidens-energi/

[24] https://www.ekonomifakta.se/sakomraden/el-fakta/mer-el-behovs-i-framtiden_1211547.html

[25] https://sv.wikipedia.org/wiki/Sm%C3%A5skalig_modul%C3%A4r_reaktor

[26] https://www.ekonomifakta.se/sakomraden/el-fakta/elfakta-artiklar/ar-vatgasen-framtidens-energilosning_1221630.html

[27] https://www.energiforetagen.se/pressrum/nyheter/2022/mars/energiforetagen-forklarar-vatgas-som-energilager/#:~:text=V%C3%A4tgas%20kan%20fungera%20som%20energilager%20p%C3%A5%20flera%20s%C3%A4tt,som%20drivmedel%20som%20v%C3%A4tgas%20eller%20processad%20till%20e-metanol.

[28] http://www.skgs.org/Default.asp?path=12085&pageid=16566

[29] https://skgs.org/app/uploads/2013/11/111013_mytrapport.pdf

[30] https://storymaps.arcgis.com/stories/c90b71a2165a46a6b2f0ce6fceee364d

[31] https://sv.wikipedia.org/wiki/Kv%C3%A4ve

[32] Naturvårdsverket

[33] Wikipedia

[34] Kemikalieinspektionen

[35] https://sv.wikipedia.org/wiki/Natriumklorat

[36] Statskontoret: Effekter på priset för handelsgödsel när skatten på kväve i handelsgödsel avskaffas – en delrapport

[37] https://drivkraftsverige.se/fakta-statistik/import-export/

[38] https://miljo-utveckling.se/preem-producerar-fornybar-diesel-i-lysekil/?utm_campaign=unspecified&utm_custom[apsis]=1586593858&utm_medium=email&utm_source=apsis-anp-3

[39] http://johantrouve.wordpress.com/2011/03/28/kemiklustret-ska-bli-kanda/

[40] http://www.krc.su.se/page.php?pid=110

[41] http://kemiforetagenistenungsund.se/om-oss/

[42] https://sv.wikipedia.org/wiki/Biodiesel

[43] https://www.vasamuseet.se/utforska/forskning/konserveringen

[44] https://www.naturvardsverket.se/amnesomraden/plast/materialatervinning-av-plast/

[45] https://www.naturvardsverket.se/amnesomraden/plast/om-plast/mikroplast/

[46] https://www.svt.se/nyheter/lokalt/ost/mikroplaster-har-ar-de-storsta-kallorna-till-utslappen
[47] https://sv.wikipedia.org/wiki/Mikroplast
[48] Ur "Modern kemi vår tjänare eller herre" Brombergs Bokförlag
[49] http://www.sekab.com/default.asp?id=1481&re-fid=1435
[50] https://view.of-ficeapps.live.com/op/view.aspx?src=https%3A%2F%2Fintegration.skogsindustrierna.se%2Fsiteassets%2Fdoku-ment%2Fstatistik-2019%2Fskogsindustrin-i-varlden%2Fskogsindustrin-i-varlden-2018-ko-pia.pptx&wdOrigin=BROWSELINK
[51] Ökad konkurrenskraft för svensk processindustri, IVArapport
[52] https://www.dagensps.se/bors-finans/branschspecial-papper-och-skogsindustri-har-ar-bolagen/
[53] https://www.skogsindustrierna.se/om-skogsindu-strin/branschstatistik/snabba-fakta/
[54] https://www.skogsindustrierna.se/om-skogsindu-strin/vad-gor-skogsindustrin/material-fran-sko-gen/massa-till-papper-och-kartong/
[55] SkogsEko, nr.2, s.42
[56] Göteborgs-Posten, 2007-01-24
[57] https://integration.skogsindustrierna.se/om-skogsin-dustrin/forskning-och-innovation/nya-innovativa-material-och-produkter/textil/
[58] https://www.iva.se/contentas-sets/b075eb496dcb4ccb92616bd44cb3fee4/iva-

innovation-i-skogsnaringen-nya-biobaserade-material-fran-skogen.pdf

[59] https://www.ri.se/sv/expertisomraden/projekt/fiskfoder-fran-skogsindustrin-for-lax

[60] https://www.landsbygdsnatverket.se/inspiration/inspirerandeexempel/landbaseradfiskodlinguppfodningi-enkontrolleradmiljo.5.3fbfb49516d0c28e9f2d94bb.html

[61] https://www.ri.se/sv/substitutionscentrum/databas-okar-kunskap-om-tillsatser-i-plast

[62] https://www.jernkontoret.se/sv/stalindustrin/tillverkning-anvandning-atervinning/processer/

[63] https://lkab.com/vad-vi-gor/var-omstallning/koldioxidfri-jarnsvamp/hybrit-demonstration-project/

[64] Jonas Unger, Kemikontoret m.fl.

[65] https://www.lif.se/statistik/forskning-och-utveckling-av-lakemedel-i-sverige/

FSC
www.fsc.org
MIX
Papper från
ansvarsfulla källor
Paper from
responsible sources
FSC® C105338